ECOLOGICAL ENVIRONMENT

—— 生态环境产教融合系列教材 ——

水污染控制工程案例库

主　编　丁世敏　章琴琴

副主编　况　力　徐乾前　汪　建

编　委　蔡开建　屈　燕　黄江平

　　　　刘　樟　黄文建　宋　宇

　　　　刘　兵　宝吉雅　李佳璇

　　　　李秋燕

中国科学技术大学出版社

内 容 简 介

　　本书将教学内容和实际工作紧密结合,具备实用性和有效性,是一本产教融合教材,书中系统、翔实地介绍了废水污染控制工程建设与运行的程序步骤和方法以及具有代表性和指导意义的生活污水和工业废水污染控制工程案例等。全书分为3章,分别为污染控制工程概述、水污染控制设计要点、水污染控制工程案例,每个典型案例都较为完整地从工程概况、污水处理方案论证、设计要点、主要工程量及投资估算几个方面阐述水污染控制工程的内容。

　　本书可供从事水污染控制工程的设计人员、技术人员以及市政给排水专业设计人员参阅和学习,也可作为高等学校环境工程专业、水污染控制工程、环境工程学相关课程的案例教材、实习培训和毕业设计的参考资料。

图书在版编目(CIP)数据

水污染控制工程案例库/丁世敏,章琴琴主编. —合肥:中国科学技术大学出版社,2024.1
ISBN 978-7-312-05844-8

Ⅰ.水⋯　Ⅱ.① 丁⋯ ② 章⋯　Ⅲ.水污染—污染控制—案例—高等学校—教材　Ⅳ.X520.6

中国国家版本馆 CIP 数据核字(2023)第 229010 号

水污染控制工程案例库
SHUI WURAN KONGZHI GONGCHENG ANLI KU

出版	中国科学技术大学出版社
	安徽省合肥市金寨路 96 号,230026
	http://press.ustc.edu.cn
	https://zgkxjsdxcbs.tmall.com
印刷	合肥市宏基印刷有限公司
发行	中国科学技术大学出版社
开本	787 mm×1092 mm　1/16
印张	13
字数	323 千
版次	2024 年 1 月第 1 版
印次	2024 年 1 月第 1 次印刷
定价	50.00 元

前　言

　　人类社会的发展历程与自然环境的变迁紧密相连,从原始的狩猎采集,到农业革命,再到工业革命,每一次重大的社会进步都伴随着对自然环境的深刻影响。如今,我们身处一个科技进步、经济腾飞的时代,与此同时,解决生态环境问题也成为全球共同面临的挑战,加强环境保护和可持续发展已成为社会的共识。在这样的背景下,生态环境产教融合系列教材应运而生,这套教材不仅是对环境保护领域知识的一次全面梳理,更是对产教融合教育模式的一种实践与探索,让知识更好地服务于环保产业的创新与发展。

　　党的二十大报告明确指出:"提升环境基础设施建设水平,推进城乡人居环境整治。"随着城市化进程的加速和人口的不断增长,城市污水处理厂已经成为了一项不可或缺的基础设施。而在城市以外的乡镇地区,乡镇污水处理厂也扮演着同样重要的角色。乡镇污水处理设施事关农村面源污染防治、水环境和人居环境改善,对于深入打好污染防治攻坚战、促进可持续发展意义重大。在城镇化进程加快的同时,伴随而来的还有越来越多的工业污水,工业污水种类多,污染物成分复杂,许多还具有毒性等。对工业污水进行治理十分必要且重要。

　　废水污染控制的目标是非常明确的,就是采用经济、高效的技术手段,将废水中的各类污染物净化去除,以改善水环境质量或实现废水的资源化利用。水污染控制的工艺技术在不断发展,为了更广泛地传播水污染处理技术和工程知识,提高学生对常规水处理工艺和工程的认知,使其快速了解我国近年来主要水处理工艺的应用情况,为新建、改建、扩建污水处理工程设计提供借鉴,推广水污染控制的成功经验和案例,我们编写了本书。本书选择了生活污水和工业废水处理的工程实例,这些工程实例均是近年来比较典型的且在实际运行中良好运行的案例,具有很强的实用性和借鉴性。

　　本书包括3章:第1章为污染控制工程概述;第2章为水污染控制设计要点;第3章为水污染控制工程案例,如生活污水、工业废水,如含镍废水、食品废水、生物柴油废水、涂料废水控制工程实例等。实例中介绍了工程概况、污水处理方案论证、设计要点、主要工程量及投资估算。本书从多角度、多层次分别阐述水污染控制工程的内容。

　　本书是一本产教融合型教材。在编写过程中,编者与水污染控制行业、企业紧密合作,将教材内容和实际工作结合起来,尽量确保教材的实用性和有效性。

在本书的编写过程中得到了重庆郅治环保科技有限公司、重庆港力环保股份有限公司等的大力支持,在此表示衷心的感谢!本书由丁世敏、章琴琴主编,其中第1章、第2章由丁世敏、章琴琴共同编写,第3章由况力、徐乾前、汪建、蔡开建、屈燕、黄江平、刘樟、黄文建、宋宇、刘兵、宝吉雅、李佳璇、李秋燕编写,丁世敏、章琴琴对全书进行了统稿。本书参考了一些科研、设计、教学以及生产领域同行的文献资料,编者谨在此一并表示衷心的感谢!

由于时间仓促,加之编者知识水平有限,书中难免存在不足之处,敬请读者批评指正。

编者

2023 年 10 月

目　　录

第1章　污染控制工程概述

1.1　项目投资的开发程序

所谓项目,就是在既定的资源和要求的约束下,为实现某种目的而相互联系的一次性工作任务。项目具有如下基本特征:明确的目标、独特的性质、资源成本的约束性、实施的一次性、特定的委托人(既是项目结果的需求者,也是项目实施的资金提供者)和结果的不可逆转性等。

在我国投资建设活动中,不同的管理部门和项目管理阶段,对项目有不同的称谓。常用的有投资项目、建设项目、工程项目。投资项目是"固定资产投资项目"的简称,是指为实现某种特定目的,投入资金和资源,在规定的期限内建造或购置固定资产的投资活动。建设项目是指按照一个主体设计进行建设并能独立发挥作用的工程实体。在实际工作中,工程项目有时等同于建设项目,是勘察设计、施工和竣工时常用的项目称谓。废水处理工程的建设,在不同阶段也相应地被称为投资项目、建设项目、工程项目,本章中统称为工程项目。

城镇污水处理工程的建设属于城市基础设施项目,往往属于政府投资的范畴,当然也有政府为吸收社会资金以 BOT(Build-Operate-Transfer,即建设-运营-移交)方式建设的项目。前者需要设立项目法人单位以完成整个投资过程,后者则由 BOT 承担企业自筹解决。工业废水处理设施的建设,属于企业行为,其资金多由工业企业自筹解决。按工程是否使用政府投资划分,在工程项目的前期阶段,项目立项后进一步进行的研究分为可行性研究报告和项目申请报告,两者在研究深度上的要求是一致的,但报告内容的侧重点不同。项目申请报告是政府用来核准企业投资行为的,其重点于在阐述政府关注的有关外部性、公共性等事项,包括维护经济安全、合理开发利用资源、保护生态环境、优化重大布局、保障公众利益、防止出现垄断等方面的内容。

工程的建设需要按照一定的投资开发程序进行,一般包括立项、项目建议书提出及审批、可行性研究报告提出及审批、初步设计、施工设计等阶段。

1.2　生活污水控制工程

近年来我国城镇污水处理设施的建设保持快速增长态势。截至 2019 年底,全国城市和县城累计建成污水处理厂 2471 座和 1669 座。2019 年,我国城市污水处理厂的处理能力为 1.79×10^8 m^3/d,县城污水处理厂的处理能力为 0.3587×10^7 m^3/d,合计 2.1487×10^8 m^3/d。未来,污水处理厂数量将持续增长。尽管我国城镇污水处理厂的建设发展迅猛,但是与水环境的要求还有较大差距。建设城镇污水处理厂是为了将汇水范围内收集的污水集中处理后达标排放,有的污水处理厂处理工艺还延伸到再生水回用。城镇污水处理厂的建设背景包括以下几种情况:

1. 新建城镇污水处理厂

为解决城镇污水直接排放污染水环境的问题,应当新建城镇污水处理厂,并根据城镇污水的现状排水量以及城市规划所确定的人口、工业、服务业的发展情况确定污水处理厂的近期、远期建设规模。

2. 改扩建城镇污水处理厂

现有的城镇污水处理厂已经不能满足城市排水处理的需要,必须提高处理能力,这包括处理规模的扩大和处理程度的提高两个方面。

3. 建设城市再生水厂

对于水资源不足的缺水型城市,为了减缓资源压力,维持资源环境的可持续发展,应将城镇污水作为二次水源加以开发利用,投资建设城市再生水厂。

城市因为有相对完善的污水处理机构,生活污水较为集中。但乡村则没有这种条件,因此农村的生活污水往往呈现出明显的分散性,以单个住户为据点分布,住宅越多的区域生活污水的分布越杂乱。应当根据农村的特点,包括地理位置、人口数量、地形地势、污水排放量、污水波动情况和周边生态环境等,采取不同的生活污水治理措施,充分利用当地已有的基础设施,将村民自行修建的排水渠纳入污水排放设施中,合理建设污水处理厂,根据需求梯次推进农村生活污水处理,既要满足当地的污水处理需要,也不能过度开发,造成建设资源的浪费。同时,在建设污水处理设施时,应当综合考虑,与当地的脱贫攻坚、生态保护措施等相结合,促进农村的全面发展。政府的基础设施建设必须要有规划、有安排,优先满足村民最迫切的需要。农村生活污水治理是一项长期的、系统性的工作,需要考虑项目选址、设备采购和资金筹集等多种因素,以便实现乡村的雨污分流,打造良好的乡村生活环境。实践表明,农村生活污水处理措施只有做到因地制宜才能发挥最大效用。同时,还需要综合使用不同的污水处理模式,引进和开发新的污水处理技术,探索出适用于当地的生活污水处理模式。到目前为止,我国的农村生活污水处理仍然以微生物技术、生态技术和组合处理技术为主,其中组合处理技术的占比最高。

1.3 工业废水控制工程

2010—2022 年,我国对工业污染的治理已经取得了较大的进步,工业废水排放量总体上呈下降趋势。《2020 年中国水资源公报》数据显示,2020 年我国工业用水量为 1.0304×10^{11} m^3,占全国总用水量的 17.73%,是生活用水总量的 1.2 倍。2020 年工业废水排放量占全国废水总排放量的 31.01%。2022 年工业废水排放量进一步下降为 1.467×10^{10} t。总的来看,我国工业废水整体体量仍较大,行业仍面临较大的工业废水处理需求,未来工业废水处理工作中更趋向于选择生态性、无二次污染的工业废水处理技术。

《中华人民共和国水污染防治法》规定:建设项目的水污染防治设施,应当与主体工程同时设计、同时施工、同时投入使用。根据这一规定,排放水污染物的建设项目应当建设配套废水处理设施。工业废水处理设施的建设背景包括以下几种情况:

(1) 对于新建项目而言,必须依照"三同时"的要求建设配套的废水处理设施。

(2) 工业废水处理设施在运营一段时间后,可能存在设施老化、运行效率降低、水质欠稳定、管理难度加大等问题,或者由于当地水污染物排放标准的提高,现有设施不能满足达标排放的要求,企业需要对现有废水处理设施进行技术改造。

(3) 工业企业在生产发展过程中,产品方案的调整、生产规模的扩大等会造成企业产生的废水水质、水量的变化,当超过现有废水处理设施的处理能力时,就需要改建废水处理设施以满足新形势的需要。

1.4　项目建议书

项目建议书(又称立项报告)是项目建设筹建单位或项目法人,根据国民经济的发展,国家和地方中长期规划、产业政策、生产力布局、国内外市场、所在地的内外部条件,提的某一具体项目的建议文件,是对拟建项目提出的框架性的总体设想。项目建议书往往是在项目早期,项目条件还不够成熟,仅有规划意见书,对项目的具体建设方案还不明晰,市政、环保、交通等专业咨询意见尚未办理的条件下提出的。

项目建议书主要论证项目建设的必要性,建设方案和投资估算比较粗,投资误差允许为±30%。项目建议书及其批复是编制可行性研究报告的重要依据。项目建议书应包括以下几项:

1. 项目概况

包括项目名称、项目提出的必要性和依据、项目承办单位的有关情况及项目建设的主要内容等。

2. 项目建设初步选址及建设条件

项目建设选地址包括地位置、占地范围、占用土地类别(国有、集体所有)和数量、拟占地的现状及现有使用者的基本情况;如果不指定建设地点,要提出对占地的基本要求。项目建设条件包括能源供应条件、主要原材料供应条件、交通运输条件、市政公用设施配套条件及实现上述条件的初步设想;需进行地上建筑物拆迁的项目,要提出拆迁安置初步方案。

3. 项目建设规模和内容

水污染控制工程项目的建设规模和内容通常取决于项目的目标和需求,以下是一些可能的建设规模和内容:

(1) 建设规模

水污染控制工程项目的建设规模可以根据实际情况进行灵活调整,可以根据处理的水量、水质、治理要求等因素来确定。一般来说,较小的工程项目可能只需要建设一个小型的处理设施,而较大的工程项目可能需要建设多个处理设施或形成一个完整的处理系统。

（2）建设内容

水污染控制工程项目的建设内容通常包括以下几个方面：

① 水处理设施：包括预处理设施、主要处理设施和后处理设施等,用于对污水进行处理,以达到排放标准或回用要求。

② 辅助设施：包括供电、供水、供热、通风等设施,为水处理设施的正常运行提供必要的支持和保障。

③ 监测设施：包括水质监测设施、水量监测设施等,用于对处理后的水质、水量进行检测和监控,以确保处理效果符合要求。

④ 环保设施：包括废气处理设施、废渣处理设施等,用于对处理过程中产生的废气、废渣等进行处理,以减少对环境的影响。

⑤ 管理设施：包括办公室、化验室、仓库等,为项目的运行和管理提供必要的场所和设施。

4. 投资估算、资金筹措及还贷方案设想

包括项目总投资额、资金来源等。利用银行贷款的项目要将建设期间的贷款利息计入总投资内,利用外资项目要说明外汇平衡方式和外汇偿还办法。

5. 项目的进度安排

包括项目的估计建设周期、分部实施方案、计划进度等。

6. 经济效果和社会效益的初步估计

包括初步的财务评价、国民经济评价、环境效益和社会效益分析等。

7. 环境影响的初步评价

包括治理"三废"、生态环境影响的分析等。

8. 项目建议的主要结论

9. 附件

通常包括建设项目拟选位置地形图（通常 1∶500）,标明项目建设占地范围和占地范围内及附近地区地上建筑物现状,还要附规划部门对项目建设初步选址意见。

1.5　审批及后续工作

项目建议书要按现行的管理体制和隶属关系,分级审批。原则上,按隶属关系经主管部门提出意见后,由主管部门上报,或与综合部门联合上报,或分别上报。项目建议书获得批准后,开展如下工作：

（1）确定项目建设的机构、人员、法人代表、法定代表人；

（2）选定建设地址,申请规划设计条件,做规划设计方案；

（3）落实筹措资金方案；

（4）落实供水、供电、供气、供热、雨废水排放、电信等市政公用设施配套方案；

（5）落实主要原材料、燃料的供应；

（6）落实环保、劳保、卫生防疫、节能、消防措施；

（7）外商投资企业申请企业名称预登记；

（8）进行详细的市场调查分析；

（9）编制可行性研究报告。

1.6 水污染控制工程项目建议书编制大纲

1. 总论

（1）项目名称。

（2）承办单位概况（新建项目指筹建单位情况，技术改造项目指原企业情况）。

（3）建设地点。

（4）建设规模。

（5）建设年限。

（6）建设内容。

（7）估算投资。

（8）效益分析。

2. 编制原则

（1）严格执行国家环境保护及城市污水治理的政策、法规、标准、规范。

（2）坚持在环保规划和排水标准的指导下，按照结合实际、因地制宜的原则，改善排水处理质量。保护周边地区的生态环境和饮用水源安全，为区域社会、经济和文化可持续发展创造必要的基础条件。

（3）污水处理选用目前国内较为成熟、可靠、技术先进的处理工艺，确保最终处理效果。

（4）妥善处理处理过程中产生的栅渣、污泥，避免二次污染。

（5）在不断总结生产实践和科学实验的基础上，积极采用行之有效的新技术、新工艺、新材料和新设备，节约能源和资源，降低工程造价和运行成本。

（6）考虑远期扩建或扩容。

3. 水质、水量

（1）水质、水量现状。

（2）水质、水量预测（根据城市社会经济发展情况、人口用水量等资料，预测未来水质、水量）。

（3）排放标准。

4. 建设规模

（1）建设规模与方案比选。

（2）推荐建设规模、方案及理由。

5. 项目选址

（1）场址现状（地点与地理位置、地可能性类别及占地面积等）。

（2）场址建设条件（地质、气候、交通、公用设施、政策、资源、法律法规、征地拆迁工作、施工等）。

6. 技术方案、设备方案和工程方案

（1）技术方案

① 技术方案选择。

② 主要工艺流程图，主要技术经济指标表。

（2）主要设备方案

（3）工程方案

① 建(构)筑物的建筑特征、结构方案(附总平面图、规划图)。

② 建筑安装工程量及"三材"用量估算。

③ 主要建(构)筑物工程一览表。

7. 投资估算及资金筹措

（1）投资估算

① 建设投资估算(先述总投资,后分述建筑工程费、设备购置安装费等)。

② 流动资金估算。

③ 投资估算表(总资金估算表、单项工程投资估算表)。

（2）资金筹措

① 自筹资金。

② 其他来源。

8. 效益分析

（1）经济效益

① 基础数据与参数选取。

② 成本费用估算(编制总成本费用表和分项成本估算表)。

③ 财务分析。

（2）社会效益

① 项目对社会的影响分析。

② 项目与所在地互适性分析(不同利益群体对项目的态度及参与程度,各级组织对项目的态度及支持程度)。

③ 社会风险分析。

④ 社会评价结论。

（3）环境效益分析

① 污染物总量减排。

② 区域水环境质量改善。

9. 结论

第2章 水污染控制设计要点

2.1 预处理单元

根据原废水中有机物、悬浮物的含量以及后续生化处理工艺的要求确定预处理工艺。对 SS 含量较高的废水,在预处理时一般要设置格栅、沉砂池、初沉池等处理单元。对生活污水的处理必须设置沉砂池,初沉池的设置可根据后续生化处理工艺来确定,在 SBR 工艺、氧化沟工艺前可以不设置初沉池。

排水体制为合流制或分流制,污水流量总变化系数按《室外排水设计标准》(GB 50014—2021)计算选用。

处理构筑物流量:生化反应池之前,各种构筑物按最大日、最大时流量设计;生化反应池之后(包括生化反应池),构筑物按平均日、平均时流量设计。

管渠设计流量:按最大日、最大时流量设计。

各处理构筑物不应小于两组(个或格),且按平行设计。

2.1.1 格栅设计一般规定

1. 栅隙

水泵前格栅栅条间隙应根据水泵要求确定。废水处理系统前格栅栅条间隙应符合下列要求:最大间隙为 40 mm,其中人工清除为 25~40 mm、机械格栅清除为 16~25 mm。废水处理厂也可设置粗、细两道格栅,粗格栅栅条间隙为 50~100 mm。大型废水处理厂也可设置粗、中、细三道格栅。如泵前格栅间隙不大于 25 mm,废水处理系统前可不设置格栅。

2. 栅渣

栅渣量与多种因素有关,在无当地运行资料时,可以参考下列资料:

格栅间隙 16~25 mm:0.10~0.05 m³/10³ m³(栅渣量/废水量)。

格栅间隙 30~50 mm:0.03~0.01 m³/10³ m³(栅渣量/废水量)。

栅渣量的含水率一般为 80%,容量约为 960 kg/m³。大型废水处理厂或泵站前的大型格栅(每日栅渣量大于 0.2 m³),一般应采用机械格栅。

3. 其他参数

过栅流速一般采用 0.6~1.0 m/s。

格栅前渠道内水流速度一般采用 0.4~0.9 m/s。

格栅倾角一般采用 45°~75°,小角度较省力,但占地面积大。

通过格栅的水头损失与过栅流速相关，一般采用 0.08～0.15 m。

2.1.2 沉砂池设计一般规定

1. 池型选择

对于一座理想的沉砂池，最好在去除所有无机砂粒的同时，将砂粒表面附着的所有有机组分分离出来，以利于砂粒的最终处置。因此，在进行沉砂池设计时，主要考虑两方面问题：一是如何通过合理的水力设计，使得尽可能多的砂粒得以沉降，并以可靠便捷的方式排出池外；二是采用何种有效方式，尽可能多地分离附着在砂粒上的有机物，并将其送回到废水中。

平流式沉砂池采用分散性颗粒的沉淀理论设计，只有当废水在沉砂池中的运行时间等于或大于设计砂粒沉降时间时，才能够实现砂粒的截留。由于实际运行中进水量和含砂量的情况在不断变化，甚至变化幅度很大，因此进水波动较大，平流式沉砂池的去除效果很难保证。平流式沉砂池本身不具有分离砂粒上有机物的能力，对于排出的砂粒必须进行专门的砂洗。

曝气沉砂池的特点是通过曝气形成水的旋流产生洗砂作用，以提高除砂效率及有机物分离效率。研究表明，当处理的砂粒的粒径小于 0.6 mm 时，曝气沉砂池有明显的优越性。对粒径为 0.2～0.4 mm 的砂粒，平流式沉砂池仅能截留 34%，而曝气沉砂池则有 66% 的截留效率，两者相差一倍。但对于粒径大于 0.6 mm 的砂粒，情况恰恰相反。这种差异说明进水砂粒中的不同粒径级配会对不同沉砂池除砂效率产生影响。只要旋流速度保持在 0.25～0.35 m/s 的范围内，即可获得良好的除砂效果。尽管水平流速因进水量的波动差别很大，但只要上升速度保持不变，其旋流速度可维持在合适的范围内。曝气沉砂池的这一特点使其具有良好的耐冲击性，对于流量波动较大的废水厂较为适用。

旋流式沉砂池的特点是可节省占地面积及土建费用，降低能耗，改善运行条件。但由于目前国内采用的旋流式沉砂池多为国外产品，往往价格过高，其在土建造价上的节省通常会被抵消。

2. 设计流量

沉砂池的设计流量应按分期建设考虑：当废水为自流进入时，应按每期的最大流量设计；当废水为提升进入时，按每期工作水泵的最大组合流量计算；在合流制处理系统中，应按降雨时的设计流量计算。

3. 除砂粒径

沉砂池按去除相对密度为 2.65、粒径为 0.2 mm 以上的砂粒设计。

4. 沉砂量与砂斗设计

城市污水的沉砂量可按 15～30 $m^3/10^6$ m^3（砂量/废水量）计算，其含水率为 60%、容重为 1500 kg/m^3，合流制废水的沉砂量应该根据实际情况确定；砂斗容积应按照不大于 2 d 的砂量计算，斗壁与水平面的倾角不应小于 55°。

5. 除砂方式

除砂方式一般采用机械方法，并设置贮砂池或晒砂场。采用人工排砂时，排砂管直径应不小于 200 mm。

当采用重力排砂时，沉砂池和贮砂池应尽量靠近，以缩短排砂管的长度，并在管道的首段设排砂闸门,使排砂管畅通,易于维护管理。

6．沉砂池设置

城市污水处理厂一般应设置沉砂池。

沉砂池的数量不少于两座或分格数不应少于两个,并宜按并联设置。当废水量较少时,可以考虑一格工作,一格备用。

沉砂池的超高不应小于 0.3 m。

2.1.3　沉淀池设计一般原则

1．设计流量

沉淀池的设计流量应按分期建设考虑:当废水为自流进入时,设计流量为每期的最大设计流量;当废水为提升泵进入时,设计流量为每期工作泵的最大组合流量;在合流制处理系统中,应按降雨时的设计流量计算,沉淀时间不应小于 30 min。

2．池(格)数

沉淀池的数量不少于两座或分格数不应少于两个,并宜按并联设置。

3．设计参数

城市污水的沉淀池的设计参数可参考表 2.1.1。由于工业废水差别较大,沉淀池的设计参数应根据试验结果或运行经验确定。

表 2.1.1　沉淀池的设计参数参考

类型	沉淀时间(h)	表面水力负荷 $(m^3/(m^2 \cdot h))$	污泥含水率	固体负荷 $(kg/(m^2 \cdot d))$	堰口负荷 $(L/(s \cdot m))$
初次沉淀池	1.0~2.5	1.2~2.0	95%~97%	—	≤2.9

4．有效水深、超高及缓冲层

沉淀池的有效水深宜采用 2~4 m。辐流式沉淀池指池边水深;超高至少采用 0.3 m;缓冲层一般采用 0.3~0.5 m。

5．初次沉淀池

应设置撇渣设施。

6．沉淀池入口或出口

均应采取整流措施。

7．污泥区容积及泥斗构造

初次沉淀池的污泥区容积宜按不大于 2 d 的污泥量计算;采用机械排泥时,可按 4 h 的污泥量计算。污泥斗的斜壁与水平夹角:方斗宜为 60°,圆斗宜为 55°。

8．污泥排放

采用机械排泥时,可连续排泥或间歇排泥;不用机械排泥时,应每日排泥。对于多斗排泥的沉淀池,每个泥斗均应设单独闸阀和排泥管。采用静水压力排泥时,初次沉淀池不应小于 1.5 m,排泥管直径不应小于 200 mm。

9．出水布置

为减轻堰的负荷或改善水质,可采用多槽沿程出水布置。

10. 阀门

每组沉淀池有两座以上时,为使每个池的入流量相同,应在入流口设置调节阀门,以调节流量。

2.2 生化处理单元

2.2.1 氧化沟工艺一般设计原则

1. 反应池

类型:目前国内常用的几种氧化沟系统为卡鲁塞尔(Carrousel)氧化沟、交替工作氧化沟系统、二沉池交替运行氧化沟系统、奥贝尔(Orbal)氧化沟、曝气沉淀一体化氧化沟。

池型:氧化沟构造形式多样,对于基本形式的氧化沟,其曝气池呈封闭的沟渠形(传统氧化沟),而沟渠的形状和构造则多种多样,可以为圆形和椭圆形等形状,可以为单沟或多沟。氧化沟内水深一般为 2.5~4.5 m,也有达 7 m 的。宽深比一般为 2:1,沟内平均流速应大于 0.25 m/s。

反应池的出水方式:出水一般采用溢流堰式,宜采用可升降式的,以调节池内水深。采用交替工作系统时,溢流堰应自动启闭,并与进水装置相呼应,以控制沟内水流方向。

2. 曝气设备

氧化沟曝气设备形式多种多样,常用的曝气装置有转刷、转盘、表面曝气器和射流曝气器等。不同的曝气装置导致不同的氧化沟形式。氧化沟中混合液在好氧区中的溶解氧 DO 的浓度为 2~3 mg/L。

3. 设计参数

表 2.2.1 为氧化沟工艺设计参数。

表 2.2.1 氧化沟工艺设计参数

项 目	单 位	参 数
污泥浓度(MLSS) X	g/L	2.5~4.5
污泥负荷 L_s	kg BOD_5/(kg MLSS·d)	0.03~0.08
污泥龄 θ_c	d	15~30
需氧量 O_2	kg O_2/kg BOD_5	1.5~2.0
水力停留时间 HRT	h	≥16
污泥产率系数 Y	kg VSS/kg BOD_5	0.3~0.6
污泥回流比 R	—	75%~150%

2.2.2　厌氧-缺氧-好氧(A²/O)工艺一般设计原则

1. 反应池

池型:池体多为矩形结构,厌氧池、兼氧池、好氧池体积之比约为 1∶1∶3。

池数:分为厌氧池、兼氧池、好氧池 3 格,并按此顺序串联。

反应池的进出水方式:厌氧－缺氧－好氧(A²/O)生物脱氮除工艺进出水应考虑均匀布水集水。进水多采用穿孔布水管,出水多采用出水堰板。

2. 曝气设备

微孔曝气器及可变微孔曝气器:微孔曝气器对压缩空气中的含尘量有一定要求,每个微孔曝气的充气量为 $1.5\sim2\ m^3/h$。

中粗气泡曝气器:此类曝气器混合能力提高,氧传输能力为 6%～12%,池内服务面积为 $3\sim9\ m^2/$个。

穿孔曝气管:氧利用率介于 10%～13% 之间,动力效率约为 $2\ kg\ O_2/(kW\cdot h)$。

3. 设计参数

表 2.2.2 为厌氧-缺氧-好氧(A²/O)工艺设计参数。

表 2.2.2　厌氧-缺氧-好氧(A²/O)工艺设计参数

项　目	单　位	参　数
BOD 污泥负荷 L_s	kg BOD₅/(kg MLSS · d)	0.1～0.2
污泥浓度(MLSS) X	g/L	2.5～4.0
污泥龄 θ_c	d	10～20
污泥产率系数 Y	kg VSS/kg BOD₅	0.3～0.5
需氧量 O_2	kg O₂/kg BOD₅	1.1～1.6
水力停留时间 HRT	h	7～14(厌氧 1～2 h,缺氧 1～4 h)
污泥回流比 R	—	20%～100%
混合液回流比 R_i	—	大于200%
总处理率	—	85%～95%(BOD₅)
	—	50%～75%(TP)
	—	55%～80%(TN)

2.2.3　间歇式活性污泥法工艺一般设计原则

1. 反应池

类型:可分为完全混合型与循环水渠式两种。前者进排水装置之间应考虑防止水流的短流。后者就是氧化沟群,按间歇式活性污泥法(SBR)系统原理运行。

池型:可分圆形与矩形两种。前者占地面积大,多采用后者。反应池水深宜为 4.0~6.0 m;对于反应池长宽比,间歇进水时宜为 1∶1~2∶1,连续进水时宜为 2.5∶1~4∶1。

池数:一般等于或大于两座。

反应池的进水方式:间歇进水或连续进水。当池子容积较大、进水浓度高时,其进水可采取多点进水方式。对高浓度进水,可延长进水期,采取非限制曝气或脉冲曝气。对于低浓度进水,则适当减缩进水时间。

2. 曝气设备

微孔曝气器及可变微孔曝气器:微孔曝气器对压缩空气中的含尘量有一定要求。

中粗气泡曝气器:此类曝气器混合能力提高,氧传输能力为 6%~12%,池内服务面积为 3~9 m²/个。

自吸式射流曝气器:射流曝气是一种利用射流曝气器把液体或气液混合流喷射入曝气池,以增加池中氧含量的曝气系统。自吸式射流曝气器是射流器的一种。它以水泵为动力源,水泵抽吸曝气池中的混水混合液,沿管路射入喷嘴,在喷嘴出口处由于射流和空气之间的黏滞作用,把喷嘴附近空气带走,使喷嘴附近形成真空,在外界大气压作用下,空气被源源不断地吸入射流器中,三相混合液在管中强烈混合搅动,使空气泡粉碎成雾状,继而在扩散管内使微细气泡进一步压缩,氧迅速转移到混合液中,从而强化氧的转移过程。

喷射式混合搅拌器:此类曝气系统的氧传递效率可达 10%~15%,动力效率为 3~6 kg O₂/(kW·h),服务面积为 9 m²/个,比较省电,比通常的曝气装置节能 20%~50%。

3. 滗水装置

采用浮动式或固定式排水堰等。常用的滗水器类型有旋转式滗水器、虹吸式滗水器、套筒式滗水器、软管式滗水器等。

4. 设计参数

表 2.2.3 为 SBR 工艺设计参数。

表 2.2.3　SBR 工艺设计参数

项　目	单　位	参　数
污泥浓度(MLSS) X	g/L	1.5~5.0
污泥负荷 L_s	kg BOD₅/(kg MLSS·d)	0.03~0.4
污泥龄 θ_c	d	3~25
需氧量 O₂	kg O₂/kg BOD₅	0.5~3.0
水力停留时间 HRT	h	3~16
出水堰口负荷	L/(s·m)	22~28
活性污泥界面以上最小水深	m	0.5

2.3　后处理单元

2.3.1　二沉池设计一般原则

1. 设计流量

二沉池的设计流量应按分期建设考虑:二沉池的设计流量应为每期污水最大设计流量,不包括回流污泥量。但在中心筒的设计中应包括回流污泥量,中心筒的下降流速不应超过 0.03 m/s。

2. 池(格)数

二沉池的个数或分格数不应少于两个,并宜按并联设置。

3. 设计参数

二沉池中污泥成层沉淀的速度 v 在 $0.2 \sim 0.5$ mm/s 之间,相应表面负荷 q 在 $0.72 \sim 1.8$ m³/(m² · h)之间。

混合液污泥浓度与沉降速度 v 的关系见表 2.3.1。

表 2.3.1　混合液污泥浓度与沉降速度的关系

混合液悬浮物固体浓度 MLSS/(mg/L)	沉降速度 v (mm/s)	混合液悬浮物固体浓度 MLSS/(mg/L)	沉降速度 v (mm/s)
2000	小于 0.5	5000	0.22
3000	0.35	6000	0.18
4000	0.28	7000	0.14

二沉池的固体负荷 G 一般为 $140 \sim 160$ kg/(m² · d),斜板(管)二沉池可加大到 $180 \sim 195$ kg/(m² · d)。

出水堰负荷不宜大于 1.7 L/(s · m)。

二沉池宜采用连续的机械排泥措施。当用静水压力排泥时,对于二沉池的静水头,生物膜法后不小于 1.2 m,曝气池后不小于 0.9 m。污泥斗的斜壁与水平夹角不应小于 50°。

2.3.2　消毒池设计一般原则

1. 设计流量

消毒池的设计流量应为污水最大设计流量,池体多呈矩形。

2. 池(格)数

消毒池的设计应在保障消毒效果的前提下,使得药剂与水体充分接触。

3. 消毒选择

常用的消毒方式有液氯消毒、次氯酸钠消毒、二氧化氯消毒、臭氧消毒、紫外线消毒等。

4．设计参数

表2.3.2为消毒池设计参数。

表 2.3.2　消毒池设计参数

消毒方式		液氯	次氯酸钠	二氧化氯	臭氧	紫外线
杀毒有效性		较强	中	强	最强	较强
效能	细菌	有效	有效	有效	有效	有效
	病毒	部分有效	部分有效	部分有效	有效	部分有效
	芽孢	无效	无效	无效	有效	无效
一般投加量(mg/L)		5~10	5~10	5~10	10	—
接触时间		10~30 min	10~30 min	10~30 min	5~10 min	10~100 s
一次投资		低	较高	较高	高	高
运作成本		便宜	贵	贵	最贵	较便宜

2.4　平面与高程布置

2.4.1　平面布置一般原则

依据厂区气象、工程地形、构筑物形式及相互连接等确定设计的平面布置。设计时重点考虑厂区功能区划分、处理构筑物布置、构筑物之间及构筑物与管渠之间的关系。

厂区平面布置时,除处理工艺管道之外,还应有空气管和超越管,管道之间及其与构筑物、道路之间应有适当间距。污水处理厂厂区主要车行道宽为6~8 m,次要车行道宽为3~4 m,一般人行道宽为1~3 m。道路两旁应留出绿化带及适当间距。

污水处理厂厂区适当规划设计机房(水泵、风机、剩余污泥、回流污泥、变配电用房)、办公(行政、技术、中控用房)、机修及仓库等辅助建筑。

2.4.2　高程布置一般原则

污水处理厂高程布置时,所依据的主要技术参数是构筑物高度和水头损失。

流程中的水头损失在数值上等于处理流程中两个相邻构筑物之间的水面高差。它主要由三部分组成,即构筑物本身的、连接管(渠)的及计量设备的水头损失。因此进行高程布置时,应首先计算这些水头损失,同时计算所得的数值应考虑一些安全因素,以便留有余地。

1．处理构筑物的水头损失

构筑物的水头损失与构筑物种类、形式和构造有关。初步设计时,可按表2.4.1所列数据估算。污水流经处理构筑物的水头损失,主要产生在进口、出口和需要的跌水处,而流经构筑物本身的水头损失则较小。

表 2.4.1　处理构筑物的水头损失

构筑物名称		水头损失(cm)	构筑物名称	水头损失(cm)
格栅		10～25	生物滤池(工作高度为 2 m 时) ①装有旋转式布水器 ②装有固定喷洒布水器	270～280 450～475
沉砂池		10～25		
沉淀池	平流式	20～40	混合池或接触池	10～30
	竖流式	40～50	污泥干化场	200～350
	辐流式	50～60		
双层沉淀池		10～20	配水井	10～20
曝气池	污水潜流入池	25～50	混合池(槽)	40～60
	污水跌水入池	50～150	反应池	40～50

2. 构筑物连接管(渠)水头损失

连接管(渠)的水头损失包括沿程与局部水头损失,可按下式计算确定:

$$h = h_1 + h_2 = \sum iL + \sum \xi \frac{v^2}{2g}$$

式中,h_1 为沿程水头损失(m);h_2 为局部水头损失(m);i 为单位管长的水头损失,根据流量、管径和流速等查阅《给水排水设计手册》获得;L 为连接管段长度(m);ξ 为局部阻力系数,可查相关设计手册获得;g 为重力加速度(m/s^2);v 为连接管中流速(m/s)。

连接管中流速一般为 0.6～1.2 m/s,进入沉淀池时,流速可以低些;进入曝气池或反应池时,流速可以高些。流速太低,会使管径过大,相应管件及附属构筑物规格也增大;流速太高,则要求管(渠)坡度较大,会增加填、控土方量等。

确定管径时,必要时应适当考虑留有水量发展的余地。

3. 计量设施的水头损失

计量槽、薄壁计量堰、流量计的水头损失可通过有关计算公式、图表或设备说明书确定。一般污水处理厂进、出水管上计量仪表中水头损失可按 0.2 m 计算,流量指示器中的水头损失可按 0.1～0.2 m 计算。污水泵、污泥泵应分别计算静扬程、水头损失(局部水头损失估算)和自由水头确定扬程。高程图横向和纵向比例一般不相等,横向比例常选 1∶1000 左右,纵向比例常选 1∶500 左右。

第3章 水污染控制工程案例

案例1 重庆市某农村污水处理站建设工程

3.1.1 工程概况

该村面积 11 km²，省道 304 线穿而过，紧靠国道 319 线和渝怀铁路。全村辖 9 个村民小组，927 户，3761 人。

1. 给水状况

该村目前已经实施自来水管网供水到户，村内有自来水厂一座，自来水厂设计规模为 4 万吨/天，水厂供水范围为附近的几个场镇和县城部分城区。

2. 排水状况

该村目前除居民小区和小学已修有污水管网将污水引入小区化粪池外，其余村民楼就近散排，该村的受纳水体为附近河流。村居民点卫星地图如图 3.1.1 所示。

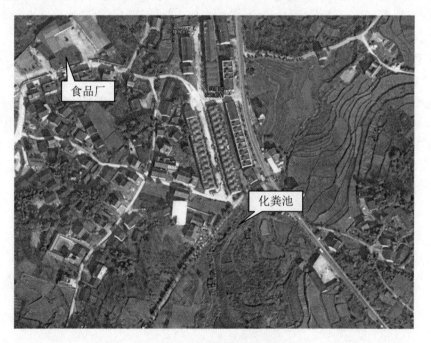

图 3.1.1 村居民点卫星地图

3. 村内企业状况

目前村内只有一座食品厂,生产产品为米粉,生产规模为 2 t/d,污水产生量为 4 t/d,厂区产生的污水通过沉淀处理后就近外排。

3.1.2　设计要求

1. 设计进水水质

本项目设计进水水质主要参照统计结果和市内农村环境连片整治水质监测数据进水水质方面因素确定。

参照类似村级水质监测数据,同时结合本项目实际,本工程的设计进水水质如表 3.1.1 所示。

表 3.1.1　设计进水水质表

项目	BOD_5 (mg/L)	COD_{Cr} (mg/L)	SS (mg/L)	TN (mg/L)	NH_3-N (mg/L)	TP (mg/L)	pH
指标	150	300	200	50	35	5	6.0～9.0

2. 设计出水水质

本次设计污水处理站受纳水体为附近河流,属于Ⅲ类水域,执行《地表水环境质量标准》(GB 3838—2002)Ⅲ类水域标准,其水质标准要求如表 3.1.2 所示。

表 3.1.2　Ⅲ类水域水质标准

项目	COD_{Cr}(mg/L)	BOD_5(mg/L)	TN(mg/L)	NH_3-N(mg/L)	TP(mg/L)
指标	20	4	1	1	0.2

《重庆市农村生活污水处理设施污染物排放标准》规定:农村生活污水处理设施处理规模在 100～500 m^3/d 之间的污水处理设施执行一级标准。

本项目采用了《重庆市农村生活污水处理设施污染物排放标准》中的一级标准,本设计出水排入附近沟渠后排入河流。具体指标见表 3.1.3。

表 3.1.3　污水处理站设计出水水质表

项目	COD_{Cr}(mg/L)	SS(mg/L)	NH_3-N(mg/L)	TP(mg/L)
指标	≤80	≤30	≤20	≤3.0
处理程度	≥73%	≥85%	≥42.9%	≥40%

3.1.3　技术及方案论证

3.1.3.1　污水处理站站址的选择

1. 选址原则

污水处理站的站址需综合考虑污水管网布局、污水的走向、地形地貌及处理后尾水的排放等因素。

拟选站址具有以下优点较佳：

(1) 场地地形地貌简单，地势较为平坦。相对高差低，土方量较小，可降低投资。

(2) 场地靠近附近小河沟，便于尾水排放。

(3) 场区内无建筑物，无拆迁。

(4) 不需做防洪保坎，只做站区基础工程。

(5) 距离生活居住区较远，不会影响居民生活。

(6) 不占用基本农田。

2. 站址选择

经过现场走访、实地考察，在综合村内规划和管网建设、流程顺畅、对周围环境影响及村内发展规划等多种因素后，与业主最终确定了污水处理站的选址，具体位置关系图如图 3.1.2 所示。

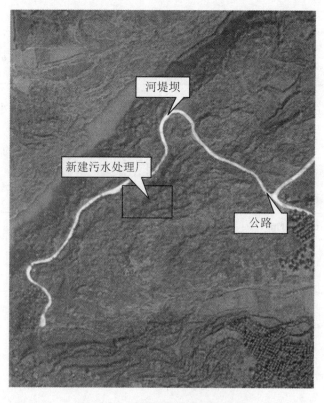

图 3.1.2　本项目污水处理站选址

3．站址外部条件

（1）污水管网布局

该村污水管网总长为 6670 m，根据地势从高向低布置，最高点管底标高达到 506.30 m，接入污水处理站的检查井井底标高为 444.00 m，高差为 62.3 m。

（2）尾水排放

污水处理站的出水达到《重庆市农村生活污水集中处理设施水污染物排放标准》，尾水经断面 de300，使用长约 15 m 管道就近排入河流。

（3）进站道路

污水处理站的进站道路从站区外面现状道路边接入。

（4）厂区排水与供水

污水处理站站区内的生活和生产用水量约为 100 L/d，厂区的生活用水与进场污水一同进入格栅渠后通过后续的污水处理单元处理；给水管管径为 de20，采取就近接入。

（5）供电

污水处理站就近接入 220 V 民用电。

3.1.3.2　污水处理工艺论证

1．进水水质分析

污水处理站设计进水水质指标见表 3.1.4，技术性能指标见表 3.1.5。

表 3.1.4　设计进水水质指标

项目	BOD_5 （mg/L）	COD_{Cr} （mg/L）	SS （mg/L）	TN （mg/L）	NH_3-N （mg/L）	TP （mg/L）	pH
指标	150	300	200	50	35	5	6.0～9.0

表 3.1.5　技术性能指标

项目	BOD_5/COD	BOD_5/TN	BOD_5/TP
比值	0.5	3.0	30

（1）可生化分析

污水 BOD_5/COD 值是判定污水可生化性的重要指标。一般认为 BOD_5/COD＞0.4 可生化性较好，BOD_5/COD＞0.3 可生化，BOD_5/COD＜0.3 较难生化，BOD_5/COD＜0.25 不易生化。

根据表 3.1.5，该污水 BOD_5/COD＝0.5，可生化好，可以采用生化处理工艺。

（2）脱氮性分析

城市污水脱氮技术可分为生物脱氮和物理化学方法脱氮。

生物脱氮是污水中的含氮有机物，在生物处理过程中被异养微生物氧化分解，转化为氨氮，然后由自养型硝化菌将其转化为 NO_3^-，最后再由反硝化菌将 NO_3^- 还原转化为 N_2，从而达到脱氮的目的。

反硝化反应是由异养型微生物完成的生化反应，碳源物质不同，反硝化速率也不同，以生活污水作为反硝化碳源比以内源代谢产物作为反硝化碳源的反硝化速率要快。理论上将 1 g NO_3^--N 还原为 N_2 需要有机物(以 BOD_5 表示)2.86 g,对于一般城市污水来说,根据有机物氧化合成的关系模式,可以计算出 1 g NO_3^--N 需要 8.6 g 可生物降解的 COD。一般认为,当反硝化反应器中污水的 BOD_5/TKN 值大于 4 时,可以认为碳源充足。

因此,BOD_5/TN(即 C/N)比值是判别能否有效脱氮的重要指标。从理论上讲,C/N$\geqslant$2.86 就能进行脱氮,但一般认为,C/N$\geqslant$3.5 才能进行有效脱氮。

根据表 3.1.5,本工程进水水质 C/N = 3.0,基本满足生物脱氮的要求。

(3) 除磷性分析

生物除磷是活性污泥中除磷菌在厌氧条件下分解细胞内的聚磷酸盐同时产生 ATP,并利用 ATP 将废水中的脂肪酸等有机物摄入细胞,以 PHB(聚-β-羟基丁酸)及糖原等有机颗粒的形式贮存于细胞内,同时随着聚磷酸盐的分解,释放磷;一旦进入好氧环境,除磷菌又可利用聚-β-羟基丁酸氧化分解所释放的能量来超量摄取废水中的磷,并把所摄取的磷合成聚磷酸盐而贮存于细胞内,经沉淀分离,把富含磷的剩余污泥排出系统,达到生物除磷的目的。

进水中的 BOD_5 是作为营养物供除磷菌活动的基质,故 BOD_5/TP 是衡量能否达到除磷的重要指标,一般认为该值要大于 20,比值越大,生物除磷效果越明显。

根据表 3.1.5,本项目进水 BOD_5/TP = 30,可以采用生物除磷工艺。

综上所述,本项目进水水质适宜于采用具有脱氮除磷功能的二级生化处理工艺。

3.1.3.3　主体处理工艺选择

小村镇污水处理工程的特点不同于城市污水处理工程,主要在于处理规模小、水量变化大、维护管理专业人员较缺乏,因此,小规模的村镇污水处理站在处理工艺选择上应注意符合小村镇的技术经济特点,需要较强的针对性。污水处理站处理工艺稳定性要高,维护管理要方便。

本项目为生活污水处理,规模较小,适合于本项目的污水处理工艺包括:

方案 1:水解酸化 + 生物接触氧化;

方案 2:人工湿地处理工艺。

下面分别对这两种工艺进行介绍,再通过比选确定最适合于本项目的处理工艺。

(1) 水解酸化 + 生物接触氧化

"水解酸化 + 生物接触氧化"工艺开发的目的,是针对传统的活性污泥工艺投资大、能耗高和运行费用高等缺点,而产生的新工艺。

水解池是一种厌氧反应器,将厌氧水解处理作为各种特殊化处理的预处理,由于不需曝气而大大降低了生产运行成本,可提高污水的可生化性,降低后续生物处理的负荷,大量削减后续好氧处理工艺的曝气量,降低工程投资和运行费用,后续好氧生物处理可以在较短的水力停留时间内达到较高的 COD 去除率;同时悬浮物及剩余污泥能被水解为溶解性物质,大大减少了污泥产量。

虽然水解反应器的停留时间短,但 COD、BOD_5 和 SS 的去除率分别可高达 45.7%、42.3% 和 93.0%。

生物接触氧化处理技术的实质之一是在池内充填填料,已经充氧的污水浸没全部填料,并以一定的流速流经填料。在填料上布满生物膜,污水与生物膜广泛接触,在生物膜上微生物的新陈代谢功能的作用下,污水中的有机污染物得到去除,污水得到净化,因此生物接触氧化处理技术,又称为"淹没式生物滤池"。另一实质是采用与曝气池相同的曝气方法,向微生物提供其所需要的氧,并起到搅拌与混合作用,这样,这种技术又相当于在曝气池内充填微生物栖息的填料,因此又称为"接触曝气法"。

生物接触氧化法的主要特征是采用浸没在水中高孔隙率、大比表面积的填料,在其表面为微生物附着生长提供好氧生物膜。因其表面积大,可附着的生物量大,同时因其孔隙率大,基质的进入和代谢产物的移出以及生物膜的自身更新脱落,均较为通畅,使得生物膜能保持高的活性和较高的生化反应速率。由于生物接触氧化法需要像活性污泥那样不断向水中曝气供氧,一部分污泥处于漂浮状态,且在氧化池的流态及反应动力学方面,接触氧化池(图3.1.3)与完全混合活性污泥法相同,因而它兼有活性污泥法的特点。

图 3.1.3　接触氧化池

综上所述,生物接触氧化是一种介于活性污泥法与生物滤池之间的生物处理技术。

"水解酸化 + 生物接触氧化"工艺的主要优点:

① 对冲击负荷有较强的适应力;

② 污泥生成量少,不产生污泥膨胀的危害,能够保证出水水质;

③ 回流量小,易于维护管理;

④ 接触氧化池单位体积的生物量多,容积负荷高,水力停留时间短;

⑤ 节能效果明显;

⑥ 污泥产生量少;

⑦ 不产生滤池蝇,也不散发臭气;

⑧ 具有脱氮除磷功能。

"水解酸化 + 生物接触氧化"工艺的主要缺点:

① 水解池底泥易沉积;

② 生物除磷效果差；

③ 填料随着使用年限的增加会结块，几年需更换一次。

"水解酸化＋生物接触氧化"流程如图 3.1.4 所示。

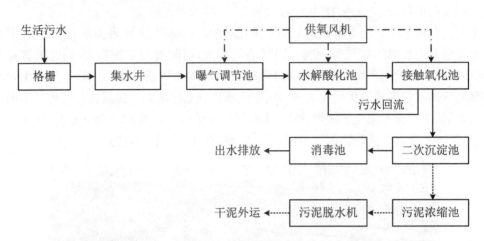

图 3.1.4　水解酸化＋生物接触氧化工艺流程框图

（2）人工湿地处理工艺

人工湿地（actifical wetland），即以人工筑成的水池或沟槽（图 3.1.5），底面铺设防渗漏隔水层，填充一定深度的土壤或填料层，种植芦苇一类的维管束植物或根系发达的水生植物，污水由湿地的一端通过布水管渠进入，以推流方式与布满生物膜的介质表面和溶解氧进行充分的植物根区接触而获得净化。人工湿地分为表面径流人工湿地和人工潜流湿地。

图 3.1.5　人工湿地

人工湿地处理技术属于一种生态治理污水的方法，它根据生态系统中物种共生、物质循环再生原理，结构与功能协调原则，在促进废水中污染物质良性循环的前提下，充分发挥资源的再生潜力，防止环境的再污染，获得污水处理与资源化的最佳效益，是一种较好的生态废水处理方式。在去除污染物的同时,湿地植物还起着维持湿地的过滤条件、防止淤塞的作用;系统可以实现连续进水。管理上应注意防治湿地植物病虫害,残体需要及时收割,并补种。

其主要污染物的去除原理:

BOD_5 的去除:包括过滤、吸附和生物氧化作用。

SS 的去除:通过预处理和土壤(或填料层)的过滤作用。

P 的去除:通过植物的吸收、微生物的积累及湿地床的物理化学作用等几个方面共同完成。污水中的无机磷在植物的吸收和同化作用下被合成为 ATP 等有机成分,通过对植物的收割而将磷从系统中去除。

N 的去除:主要包括植物吸收、生物脱氮以及挥发。其中植物直接吸收只占很少的一部分,主要去除途径是微生物的硝化、反硝化作用。

近年来,该技术的研究和应用日趋广泛。人工湿地处理技术比较典型的工程实例包括云南抚仙湖人工湿地、深圳平湖白泥坑人工湿地系统、深圳洪湖公园人工湿地、深圳观澜湖高尔夫俱乐部职工宿舍生活污水人工湿地处理工程、深圳市甘坑人工湿地系统工程、重庆市蔡家镇生活污水处理工程等。图3.1.6为潜流人工湿地构造图。

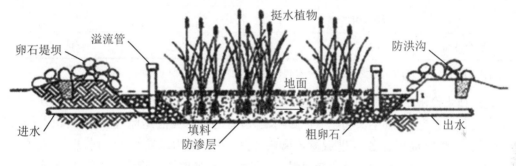

图 3.1.6　潜流人工湿地构造图

3. 主体处理工艺确定

为了选择最适合于本项目的技术方案,分别从技术和经济两方面对方案1(水解酸化 + 生物接触氧化)和方案2(人工湿地处理工艺)进行比较,从中选出最优、最切合本污水处理站实际的方案。

污水处理工艺方案经济比较见表3.1.6。

表 3.1.6　二级处理工艺方案技术比较表

项目	比较	方案 1 水解酸化 + 生物接触氧化	方案 2 人工湿地处理工艺
工艺流程	基本相当	简单	简单
占地面积	方案1优	较小	较大
投资成本	基本相当	较低	较低
运行成本	方案2优	约 2.3 元/m³	约 1.6 元/m³
预处理要求	方案1优	简单预处理	预处理要求较高

项目	比较	方案 1 水解酸化＋生物接触氧化	方案 2 人工湿地处理工艺
能耗水平	方案 2 优	能耗较低	能耗低
出水水质	方案 1 优	可稳定达一级 B 标准	植物生长较差或冬季 可能出现出水不达标
生物脱氮	方案 1 优	添加了组合填料,有利于硝化菌 的生长,脱氮效果好	较好
生物除磷	基本相当	排泥量少,生物除磷较差	较差
污泥处理	方案 2 优	剩余污泥量较少	剩余污泥量少
抗冲击负荷	方案 1 优	强	较强
控制要求	方案 2 优	较低	低
运行管理	方案 2 优	较简单	简单
机械设备	方案 2 优	较少	少
卫生条件	基本相当	较好	较好
综合评价	方案 1 优	优	较优

注:处理规模较小时,由于人工费不变,污水的处置费用会随处理规模的减少而增加。

通过技术经济比较,两种工艺均是应用较多的工艺,有大量的工程应用实例,方案 2"人工湿地处理工艺"受植物生长和季节性影响较大,有时出水无法达标,且占地面积大;方案 1 "水解酸化＋生物接触氧化"工艺脱氮效果和去除有机物能力均较好,运行管理较方便,且由于添加了组合式填料,抗冲击负荷能力强,占地面积小,能够持续稳定确保污水处理达标,更加适合于小规模的污水处理。

因此,本设计推荐采用方案 1("水解酸化＋生物接触氧化")。

3.1.3.4 预处理工艺选择

根据以上分析,本污水处理站采用以"水解酸化＋生物接触氧化"为主体的处理工艺,由于本污水处理站主要处理对象为生活污水,为了保证污水处理系统正常运行,实现出水达标排放,还需要对进水进行预处理。

本项目为村级生活污水,进水中含有较多的悬浮物、漂浮物、砂粒等,同时,污水量较小,因此,本方案推荐采用"格栅＋预沉调节池"作为预处理工艺。

格栅首先去除进水中漂浮物和悬浮物,预沉调节池起预沉淀作用去除水中比重较大的砂粒等无机物、悬浮物,同时调节水质水量,保障后续处理设施的正常运行。

3.1.3.5 污泥处理处置方案论证

1. 污泥处置的要求

污水生物处理过程中将产生大量的生物污泥,有机物含量较高,且不稳定,易腐化,并含有寄生虫卵,若不妥善处理和处置,将造成二次污染。

污泥处理的一般原则为"减容、稳定、无害化",污泥处理要求如下:

(1) 减少有机物,使容易腐化发臭的有机物稳定化;

(2) 减少污泥体积,降低污泥后续处置费用;

(3) 减少污泥中有毒物质;

(4) 尽量使污泥得到综合利用,减少污泥中有机物,化害为利;

(5) 因选用生物脱氮降磷工艺,应尽量避免磷的二次污染。

2. 污泥处理的一般工艺过程

一般的污泥处理工艺过程包括四个处理(处置)阶段:

污泥浓缩:使污泥初步减容,缩小后续处理构筑物的容积或设备容量;

污泥消化:分解污泥中的有机成分;

污泥脱水:使污泥进一步减容;

污泥处置:采用某种途径将脱水污泥予以消纳。

3. 污泥处理工艺选择

污泥浓缩:污泥的浓缩有重力浓缩与机械浓缩两种。

污泥消化:使污泥得到充分稳定,避免在处置过程中造成二次污染。污泥消化的常用工艺有厌氧消化、好氧消化、热处理、加热干化和加碱稳定。

污泥脱水一般采用机械脱水。脱水机械种类较多,常用的有卧式离心脱水机、带式压滤机、板框压滤机、叠螺式脱水机等,根据污泥特征选用。

此外,污泥处理方式还有自然干化处理。污泥自然干化脱水主要依靠渗透、蒸发和撇除,从污泥中去除大部分水,达到干化污泥的目的。一般来说污水处理规模小于 1000 m^3/d 时,宜采用污泥干化池处理污泥。污泥干化池通常至少分为三格间断运行,干化周期大于 10 d。

污泥最终处置一般可以考虑采用三种方法:

(1) 脱水泥饼用作绿化地基肥;

(2) 将脱水泥饼直接运送至合适的场地,与城市生活垃圾混合进行厌氧堆肥,经无害化稳定后,用作农肥;

(3) 将脱水污泥卫生填埋。

此外还有焚烧技术,虽然它具有处理迅速、减容多(70%～90%)、无害化程度高和占地面积小等优点,但一次性投资大,操作管理复杂,能耗高,运行费用也高。

本项目处理水量小,污泥量少,推荐采用污泥干化池(图3.1.7)进行脱水,污泥干化脱水的同时投加一定量生石灰消毒,干化后污泥可就近作为种植土。

3.1.3.6　出水消毒方案论证

污水经处理后,水质已经得到改善,但处理水中仍含有大量的致病细菌和寄生虫卵。根据国家《城镇污水处理厂污染物排放标准》(GB 18918—2002)的排放要求,粪大肠菌群应≤10×10^3个/L。因此,污水处理厂出水应进行消毒处理。

目前国内外常用的消毒方法有液氯消毒、二氧化氯消毒、紫外线消毒等。

图 3.1.7　污泥干化池

1. 液氯消毒

液氯溶于水后，产生次氯酸（HClO），离解出 ClO⁻，利用 ClO⁻ 极强的消毒能力，杀灭污水中的细菌和病原体。

液氯消毒效果可靠，投配设备简单，投量准确，且价格便宜，但操作不安全，也可能产生 THMs 等致癌物质。

液氯消毒系统主要由加氯机、氯瓶及余氯吸收装置组成。

2. 二氧化氯消毒

二氧化氯是一种广谱型的消毒剂，它对水中的病原微生物，包括病毒、细菌芽孢等均有较高的杀死作用。

二氧化氯消毒处理工艺成熟，效果好，经验丰富。二氧化氯只起氧化作用，不起氯化作用，不会生成有机氯化物；杀菌能力较强，消毒效力持续时间较长，不受污水 pH 及氨氮浓度影响，消毒杀菌能力高于液氯，但必须现场制备，原料具有腐蚀性，需化学反应生成，操作管理要求较高。

二氧化氯消毒系统包括药液储罐、二氧化氯发生器（图 3.1.8），投加设备。

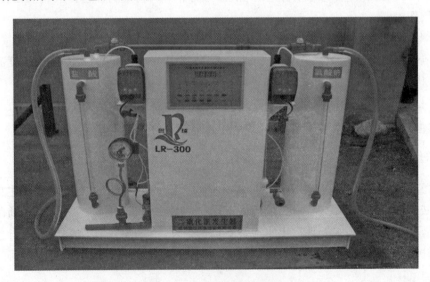

图 3.1.8　二氧化氯发生器

3. 紫外线消毒

紫外线消毒技术是在现代防疫学、光学、数学、生物学及物理化学的基础上,利用特殊设计的高效率、高强度和长寿命的 C 波段紫外光发生装置(图 3.1.9)产生的强紫外线光照射流水(空气或固体表面),当水(空气或固体表面)中的各种细菌、病毒、寄生虫、水藻以及其他病原体受到一定剂量的紫外线光辐射后,其细胞中的 DNA 结构受到破坏(DNA 中键断裂,或发生光化学反应,如使 DNA 中 THY MINE 二聚等),从而在不使用任何化学药物的情况下杀灭水中的细菌、病毒以及其他致病体,达到消毒和净化的目的。

紫外线消毒法具有不投加化学药剂、不增加水的气味、不产生有毒有害的副产物、不受水温和 pH 影响、占地极小、消毒速度快、效率高、设备操作简单、便于运行管理和实现自动化等优点。

图 3.1.9　紫外消毒装置

紫外线消毒法的缺点是消毒效果受水中的悬浮物质、色度影响较大;紫外灯管价格昂贵,能耗高。

4. 三种消毒方式的比较

紫外线消毒利用电能转化为光能来杀灭细菌,操作简单安全,接触时间短,占地小(不需要 30 min 的接触池),但设备投资高,灯管寿命短,运行费用高,管理维修麻烦,抗悬浮固体干扰能力差,对水中 SS 浓度有严格要求。

液氯消毒成本低、工艺成熟、管理较简便,效果稳定可靠,但储存氯气的钢瓶属高压容器,有潜在危险,需要按安全规定兴建氯库和加氯间,需建设接触时间为 30 min 的接触池。

二氧化氯应用范围广,消毒效果好并且具有除臭、脱色等效果,同时很少 THM$_S$ 等致癌物质产生,但是使用强腐蚀性的盐酸,操作管理要求比较高。

5. 消毒工艺确定

本工程推荐采用管式紫外线消毒处理工艺,最主要是基于以下因素:

二氧化氯虽然消毒效果好,但是需使用强腐蚀性的盐酸,并且需要现场配置,操作管理要求较高,不适于小规模的污水处理;液氯消毒可能会对周围环境带来安全隐患,可能产生 THM$_S$ 等致癌物质。紫外线消毒不投加化学药剂、不产生有毒有害的副产物,占地极小、消毒速度快、效率高、设备操作简单、便于运行管理和实现自动化等优点,适合于本村污水处理。

3.1.4 工艺设计

3.1.4.1 工艺流程

根据前面论述,确定污水处理站处理工艺如图 3.1.10 所示。

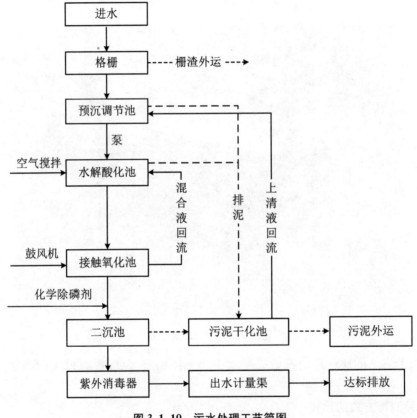

图 3.1.10 污水处理工艺简图

本设计采用"水解酸化 + 生物接触氧化"为主体的处理工艺,可以分为预处理工段、生化处理工段和污泥处理工段。

生活污水经收集后进入污水处理站,首先经格栅去除漂浮物和悬浮物,再进入预沉调节池,预沉调节池具有预沉淀和调节双重功能,在预沉区通过沉淀作用去除比重较大的悬浮物,确保水泵的正常运行,调节池具有调节水质水量的功能。

调节池的出水通过提升泵的提升进入水解酸化池,在水解酸化池内将大分子的有机物转化为易降解的小分子有机物,提高污水的可生化性,同时,去除污水中一部分有机物,还在水解酸化池设置排泥管,将多余污泥排入污泥干化池内脱水处理。

水解酸化池出水进入接触氧化池内,接触氧化池主要通过生物膜上的好氧生物反应去除大部分有机物,同时通过氨化反应、硝化反应将进水中的有机氮、氨氮等转化为硝酸盐氮和亚硝酸盐氮,同时接触氧化池内回流的硝化液进入水解酸化池进行反硝化,将硝酸盐氮、亚硝酸盐氮转化为氮气,以达到脱氮的目的。为了确保除磷效果,在接触氧化池出水端投加PAC等除磷剂进行辅助化学除磷。接触氧化池出水站设置污泥内回流区,将污泥部分回流至好氧池,确保好氧处理效果。

接触氧化池出水进入二沉池进行泥水分离,二沉池出水进入紫外消毒器进行杀菌消毒后排入排放渠内,剩余污泥排放至污泥干化池内脱水处理,一部分回流至水解酸化池。

污泥经污泥干化池脱水后,干泥外运处置,滤液回流至调节池与进水一起进入处理系统处理。

各处理工段分级去除率见表3.1.7。

表 3.1.7 污水处理分级去除率表

工艺单元	COD$_{Cr}$		SS		NH$_3$-N		TP	
	水质(mg/L)	去除率	水质(mg/L)	去除率	水质(mg/L)	去除率	水质(mg/L)	去除率
原水	300	—	200	—	35	—	5	—
格栅	300	—	200	—	35	—	5	—
预沉调节池	285	5%	180	10%	33	5.7%	5	—
水解酸化池	243	15%	—	—	32	3.0%	5	—
接触氧化池	80	67%	—	—	15	53.1%	3.5	30%
二沉池	76	5%	20	—	15	—	2.8	20%
出水水质	≤80	—	≤30	—	≤20	—	≤3	—
排放标准	80	—	30	—	20	—	3	—
去除率	≥73.3%		≥85%		≥42.9%		≥40%	

3.1.4.2 工艺设计

本项目设计规模为150 m³/d,规模较小,采用修建组合水池的方式,格栅渠/预沉调节池/污泥干化池修建为一个组合水池,缺氧池/好氧池/二沉池修建为一个组合水池,为了便于滤液回流,污泥干化池修建在调节池之上,修建的综合用房,包含1间配电间、1间休息室、1间设备间。

1. 格栅渠/预沉调节池/污泥干化池

功能:格栅渠用于去除进水中的漂浮物和悬浮物,预沉调节池用于预沉淀和调节水质水量,污泥干化池用于污泥的干化脱水。

数量:1座。

结构形式:钢砼结构。

类型:新建。

(1) 格栅渠

尺寸:$L \times B \times H = 3.0\,\text{m} \times 0.6\,\text{m} \times 1.8\,\text{m}$。数量:1格。栅前水深:0.6 m。

主要设备及选型:

① 回转式机械格栅除污机

数量:1台。规格:渠深为1.8 m,渠宽为600 mm,格栅宽度为500 mm,栅条间隙为5 mm,集渣口超高≥0.8 m,$N = 0.75$ kW。材质:SUS304。安装倾角:75°。

② 手推车

数量:1辆。规格:$V = 0.4$ m³。材质:SUS304。

(2) 预沉调节池

尺寸:$L \times B \times H = 8.1$ m × 3.0 m × 4.7 m。数量:1格。有效水深:2.0 m。有效容积:63 m³。调节时间:10 h。

主要设备及选型如下:

① 潜污泵(污水泵)

数量:2台,一用一备(干备)。规格:$Q = 6.3$ m³/h,$H = 10$ m,$N = 0.55$ kW。

附件:含提升链条。

② 潜污泵(污泥泵)

数量:1台。规格:$Q = 6.3$ m³/h,$H = 10$ m,$N = 0.55$ kW。

附件:含提升链条。

(3) 污泥干化池

尺寸:$L \times B \times H = 3.0$ m × 1.8 m × 1.8 m。数量:3格。

主要设备材料如下:

① 塑料过滤网

规格:孔径为15 mm。数量:16.2 m²。

② 塑料过滤网

规格:孔径为10 mm。数量:16.2 m²。

③ 塑料过滤网

规格:孔径为5 mm。数量:16.2 m²。

④ 粗碎石

规格:50~80 mm,厚:200 mm。数量:3.2 m³。

⑤ 细碎石

规格:20~30 mm,厚:200 mm。数量:3.2 m³。

⑥ 瓜米石

规格:3~5 mm,厚:100 mm。数量:1.6 m³。

⑦ 维尼龙纤维布

数量:32.4 m²。

2. 缺氧池/好氧池/二沉池

功能:缺氧池用于去除有机物和提高污水的可生化性,同时进行反硝化脱氮,好氧池用于去除大部分有机物和硝化反应,二沉池进行泥水分离。

数量:1座。

结构形式:钢砼结构。

(1) 缺氧池

尺寸:$L \times B \times H = 4.0 \text{ m} \times 2.0 \text{ m} \times 4.5 \text{ m}$。数量:1 格。

有效水深:4.2 m。有效容积:33.6 m^3。

水力停留时间时间:5.3 h。

主要设备及选型如下:

① 填料支架

数量:54 m。规格:$\Phi 12 \text{ mm}$ 螺纹钢筋。

材质:碳钢。

② 组合填料

数量:24 m^3。规格:$\Phi 200 \text{ mm} \times 60 \text{ mm}$,$L = 3.0 \text{ m}$。

材质:聚丙烯圆片,合成纤维束。

(2) 好氧池

尺寸:$L \times B \times H = 4.0 \text{ m} \times 3.0 \text{ m} \times 4.5 \text{ m}$。

数量:1 格。有效水深:4.1 m。有效容积:49.2 m^3。

水力停留时间时间:8 h。

主要设备及选型如下:

① 填料支架

数量:44 m。规格:$\Phi 12 \text{ mm}$ 螺纹钢筋。

材质:碳钢。

② 组合填料

数量:36 m^3。规格:$\Phi 200 \text{ mm} \times 60 \text{ mm}$,$L = 3.0 \text{ m}$。

材质:聚丙烯圆片,合成纤维纤维束。

③ 薄膜盘式微孔曝气器

数量:30 个。规格:$\Phi 216 \text{ mm}$,单个通气量 $\geqslant 2.0 \text{ m}^3/\text{h}$。

④ 回转式鼓风机

数量:2 台,一用一备。规格:$Q = 0.67 \text{ m}^3/\text{min}$,$P = 50 \text{ kPa}$,$N = 1.5 \text{ kW}$。

⑤ 内回流泵

数量:1 台。规格:$Q = 10 \text{ m}^3/\text{h}$,$H = 0.75 \text{ m}$,$N = 0.55 \text{ kW}$。

⑥ 拍门

数量:1 套。规格:DN300。

(3) 二沉池

尺寸:$L \times B \times H = 3.0 \text{ m} \times 3.0 \text{ m} \times 5.5 \text{ m}$。

数量:1 格。表面水力负荷:0.67 $\text{m}^3/(\text{m}^2 \cdot \text{h})$。有效水深:3 m。

水力停留时间:4.5 h。

主要设备及选型:导流筒。

规格:$\Phi 300 \text{ mm}$。

材质:碳钢。

3. 紫外消毒设备

数量:1 套。处理量:处理量 8～12 m^3/h,进出口管径 $\leqslant 80 \text{ mm}$,功率为 120 W。

4. 出水渠

数量:1 座。

结构形式:钢砼结构。

尺寸:$L \times B \times H = 4.5\,m \times 0.6\,m \times 1.5\,m$。

主要设备选型:巴氏计量槽(成品)。

数量:1 套。规格:量程为 50 m^3/h,含超声波明渠流量计。

5. 综合用房

数量:1 座。结构形式:框架结构。

尺寸:$L \times B \times H = 12.9\,m \times 4.8\,m \times 4.5\,m$。

主要设备选型:一体化加药装置。

数量:1 套。材质:PE/PVC。

加药桶规格:$\Phi \times H = 1000\,mm \times 1200\,mm$。

附件:配套计量泵 2 台($N = 0.55\,kW$),搅拌机 1 台($N = 0.55\,kW$)。

6. 围墙

样式:半高转 + 栏杆。

数量:89 m。

围墙采用晴雨漆饰面,1:2 水泥砂浆抹面→刮防水腻子→涂装晴雨漆两遍,地面 400 mm 及以下采用中灰色 B02,地面 400 mm 以上至墙顶采用乳白色。压顶和墙面交界处勾出滴水槽,防流挂。墙体采用红砖砌成。基础做法:C10 现浇混凝土垫层 100 mm + 500 mm 高红砖。围墙做法图如图 3.1.11 所示。

铁艺栏杆表面喷塑处理,铁艺为白色,色带位置横向铁艺为艳绿色 G03。

7. 大门

数量:1 扇。门宽:4.0 m。

形式:304 不锈钢格栅大门。

不锈钢格栅大门参照本构造图制作安装,颜色采用不锈钢本色。不锈钢型材采用 304 材质,预埋件采用 Q235 材质,预埋件刷红丹防锈漆两次,表面刷银色漆两次。

大门金属件焊接必须注意框料平直,焊缝表面平整、连续、锉平、磨光,不得有间断和裂纹;钢管弯折采用煨弯,大门与围栏、围墙之间采用砖门柱连接。大门做法示意图如图 3.1.12 所示。

8. 爬梯及平台

爬梯高:2.5 m。数量:1 部。

3.1.4.3 总图设计

1. 设计原则

(1) 按功能分区,配置得当。

(2) 在保证工艺流程的前提下,结合地形、地质、土方、结构和施工因素全面考虑,布局紧凑,管线短捷,不迂回,有良好的水力特性,减少水头损失,占地少。

(3) 充分利用地形,平衡土石方,降低工程费用,并留有适当的余地,考虑扩建和施工的可能。

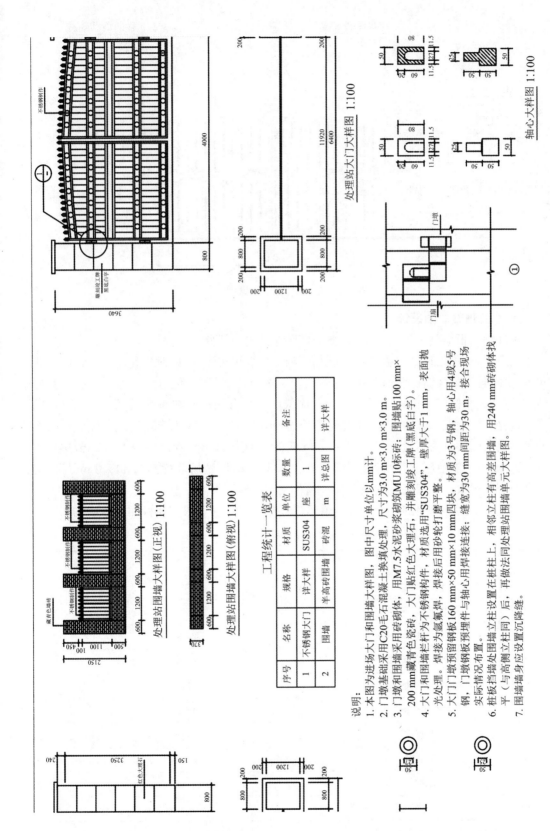

工程统计一览表

序号	名称	规格	材质	单位	数量	备注
1	不锈钢大门	详大样	SUS304	座	1	详总图
2	围墙	半高砖围墙	砖混	m		详大样

图 3.1.11　围墙做法图

说明：

1. 本图为进场大门和围墙大样图，图中尺寸单位以 mm 计。
2. 门墩基础采用 C20 毛石混凝土换土填处理。
3. 门墩和围墙采用青砖砌体，用 M7.5 水泥砂浆砌筑 MU10 标砖；围墙贴 100 mm×200 mm 藏青色瓷砖，大门贴红色大理石，材质选用红色大理石；围墙贴 100 mm×200 mm 藏青色瓷砖，大门贴红色大理石，并雕刻竣工牌（黑底白字），表面抛光处理。焊接为氩氟焊，焊接后用砂轮打磨平整。
4. 大门和围墙栏杆为不锈钢构件，材质选用"SUS304"，壁厚大于 1 mm，表面抛光处理。焊接为氩氟焊，焊接后用砂轮打磨平整。
5. 大门门墩预留钢板 160 mm×50 mm×10 mm（四块），材质为 3 号钢，轴心用 4 或 5 号钢，门墩钢板预埋与轴心用焊接连接；缝宽约为 30 mm，缝宽 30 mm 同距为 30 m，接合现场实际情况布置。
6. 桩板挡墙处围墙立柱设置在桩柱上，相邻立柱有高差围墙，用 240 mm 砖砌围墙，再做法同处理站围墙单元大样图。
7. 围墙身应设置沉降缝。

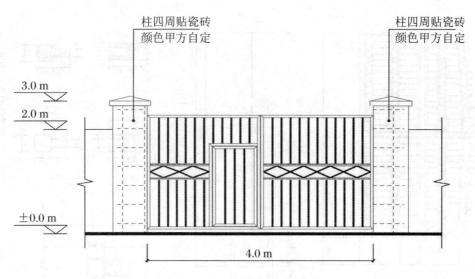

图 3.1.12 大门做法示意图

2. 污水处理站总图设计

污水处理站根据整个工艺流程,将整个厂区综合成一部分。

平面布置:污水处理站包括格栅渠、预沉调节池、水解酸化池、接触氧化池、二沉池、污泥干化池、出水计量渠、综合用房,其中格栅渠、预沉调节池、污泥干化池组合修建,缺氧池、好氧池、二沉池组合修建。进入厂区大门后左侧依次为综合用房和缺氧池、好氧池、二沉池的组合池,格栅渠、预沉调节池、污泥干化池组合池和出水计量渠修建于缺氧池、好氧池、二沉池的组合池右侧。站内高程位于 444.9～445.5 m,厂区尾水出水管标高为 444.5 m,尾水排放口下游 50 m 左右有拦水坝一座,坝顶标高为 433.0 m,厂区场坪标高为 445.0 m,厂区场坪标高及厂区尾水出水管高于坝顶 10 m 左右,位于当地洪水位以上。

道路及绿化:站内硬化部分区域作为道路,其余作绿化。主要技术指标如表 3.1.8 所示。

表 3.1.8 总图主要技术指标

序 号	名 称	单 位	数 量	备 注
1	征地面积	m²	990	
2	厂区用地面积	m²	560	
3	构筑物占地面积	m²	57.8	
4	建筑物占地面积	m²	61.9	
5	总建构筑物面积	m²	135.9	
6	道路和硬化面积	m²	166	
7	绿化面积	m²	207.6	
8	建筑密度	—	24.3%	
9	容积率	—	11.05	
10	绿化率	—	37.07%	

续表

序　号	名　称	单　位	数　量	备　注
11	挖方量	m³	500	土石比6∶4
12	填方量	m³	500	

3.1.4.4　竖向设计

1. 竖向布置原则

在满足工艺要求的前提下,尽量利用高差使污水、污泥实现自流,减少提升次数,可以节约能源,降低运行费用。

在布置构、建筑物时,基础最好全部放在原状土层,避免回填土层,尽量少做或不做人工基础,以保证安全运行和节省投资。

竖向布置在满足最小覆土深度要求的条件下使各种管线埋深尽可能浅;当管线交叉时,原则上压力管道让重力管道,小管道让大管道。

高程布置将电力、自控管沟放在最上层,中层是给水管、小口径污水、污泥压力管,最下层是大口径污水污泥管、站内污水管。

2. 竖向布置设计

根据修建污水处理站场地地形标高,按工艺设计要求,通过综合平衡确定新建各主要构筑物标高。

污水处理站内高程位于444.9~445.5 m,厂区尾水出水管标高为444.5 m,尾水排放口下游50 m左右有拦水坝一座,坝顶标高为433.0 m,厂区场坪标高为445.0 m,厂区场坪标高及厂区尾水出水管高于坝顶10 m左右,位于洪水位以上。

污水通过自流进入格栅渠,进行除渣后自流进入调节池,格栅渠、调节池均为地埋式。污泥干化池修建在调节池上。

调节池内的污水经提升泵一次提升后依次自流进入缺氧池、好氧池、二沉池、紫外消毒器最后经出水渠排入龙塘河。

缺氧池、好氧池、二沉池均为半埋地式修建,排污口位于洪水位线以上,不存在洪水倒灌。

3.1.4.5　电气设计

建筑照明标准值和用电负荷计算表如表3.1.9和表3.1.10所示。

表3.1.9　建筑照明标准值

序号	工作场所	照度标准值 (lx)	功率密度值 (W/m²)	色温 (K)	显色指数(Ra)
1	值班室	100	4	2700	85
2	休息室	00	4	2700	85
3	设备房	100	4	4000	65
4	一般道路地面	10		2000	23

表 3.1.10　用电负荷计算表

序号	用电设备名称	数量		设备功率(kW)		计算系数			计算负荷		
		安装	工作	单台	工作	Kx	cos φ	tan φ	P_j (kW)	Q_j (kVar)	S_j (kVA)
1	格栅除污机	1	1	0.75	0.75	0.50	0.80	0.75	0.38	0.28	
2	调节池提升泵	1	1	0.55	0.55	1.00	0.80	0.75	0.55	0.41	
3	调节池排泥泵	1	1	0.55	0.55	0.80	0.80	0.75	0.28	0.21	
4	内回流泵	1	1	0.55	0.55	1.00	0.80	0.75	0.55	0.41	
5	明渠流量计	1	1	0.04	0.04	1.00	0.80	0.75	0.04	0.03	
6	紫外消毒设备	1	1	0.12	0.12	1.00	0.80	0.75	0.12	0.09	
7	回转式风机	2	1	1.50	1.50	1.00	0.80	0.75	1.50	1.13	
8	药箱搅拌机	1	1	0.55	0.55	0.50	0.80	0.75	0.28	0.21	
9	加药泵	2	1	0.55	0.55	1.00	0.80	0.75	0.55	0.41	
10	照明	1	1	1.00	1.00	0.80	0.80	0.75	0.80	0.60	
11	小　计	12	12	6.16	6.16	0.82	0.80	—	5.04	3.78	6.29

用电设备安装容量 $Pe = 6.16\,kW$,按需要系数法计算,有功计算负荷 $P_j = 5.04\,kW$,算电流 $I_j = 28.6\,A$。

3.1.5　主要工程量统计

主要构筑物统计表如表 3.1.11 所示。主要工艺设备材料统计表和电气工程量统计表分别如表 3.1.12 和表 3.1.13 所示。

表 3.1.11　主要构筑物统计表

序号	构筑物名称		规格尺寸 ($L \times B \times H$)	单位	数量	结构形式	备注
1	组合池 1	格栅渠	3.0 m×0.6 m×1.8 m	道	1	钢砼	
2		预沉调节池	8.1 m×3.0 m×4.7 m	格	1	钢砼	
3		污泥干化池	3.0 m×1.8 m×1.8 m	格	3	钢砼	
4	组合池 2	缺氧池	4.0 m×2.0 m×4.5 m	格	1	钢砼	
5		好氧池	4.0 m×3.0 m×4.5 m	格	1	钢砼	
6		二沉池	3.0 m×3.0 m×5.5 m	格	1	钢砼	
7	出水渠		4.5 m×0.6 m×1.5 m	座	1	钢砼	
8	综合用房		12.9 m×4.8 m×4.5 m	座	1	框架	3 间
9	进场道路		宽为 4 m	m	31		
10	围墙		$H \geqslant 2.0$ m	m	89	半高砖 + 栏杆	
11	不锈钢大门		宽为 4 m,高为 2 m	扇	1	304 不锈钢	

表 3.1.12　主要工艺设备材料统计表

序号	名称	尺寸规格	单位	数量
1	回转式机械格栅除污机	渠深为 1.8 m,渠宽为 600 mm,格栅宽度为 500 mm,栅条间隙为 5 mm,集渣口超高≥0.8 m,$N=0.75$ kW	台	1
2	手推渣车	$V=0.4$ m^3,$\delta=3$ mm	辆	1
3	潜污泵	$Q=6.3$ m^3/h,$H=10$ m,$N=0.55$ kW,含提升链条	台	3
4	塑料过滤网	孔径为 15 mm	m^2	16.2
5	塑料过滤网	孔径为 10 mm	m^2	16.2
6	塑料过滤网	孔径为 5 mm	m^2	16.2
7	维尼龙纤维布		m^2	32.4
8	粗碎石	粒径为 50~80 mm	m^2	3.2
9	细碎石	粒径为 20~30 mm	m^2	3.2
10	瓜米石	粒径为 3~5 mm	m^2	1.6
11	填料支架	$\Phi 12$ mm 螺纹钢筋	m	98
12	组合填料	$\Phi 200$ mm×60 mm	m^3	60
13	薄膜盘式微孔曝气器	$\Phi 216$ mm	个	30
14	内回流泵	$Q=10$ m^3/h,$H=0.75$ m,$N=0.55$ kW	台	1
15	拍门	DN300	套	1
16	回转式鼓风机	$Q=0.67$ m^3/min,$P=50$ kPa,$N=1.5$ kW	台	2
17	导流筒	$\Phi 300$ mm	根	1
18	管式紫外消毒器	处理量为 8~12 m^3/h,进出口管径≤80 mm,功率为 120 W	套	1
19	巴氏计量槽	量程为 50 m^3/h,含超声波明渠流量计	套	1
20	一体化加药装置	$\Phi \times H=1000$ mm×1200 mm,$N=0.55$ kW×3,PE/PVC 材质	套	1

表 3.1.13　电气工程量统计表

序号	名称	型号规格	单位	数量
1	配电柜	GGD(600 mm×600 mm×2200 mm)	台	3
2	照明系统	含灯具、开关插座、管线等	批	1
3	防雷接地系统	各种热镀锌型钢	批	1
4	电力电缆		批	1
5	控制电缆		批	1
6	保护管		批	1

3.1.6　投资估算

本工程为村级污水处理站建设工程站,估算内容包括土建工程费、安装工程费、工程建设其他费、基本预备费、铺底流动资金等。

3.1.6.1　价格采用

（1）建筑材料

采用重庆市建筑工程造价信息。

（2）设备购置

以设备生产厂家提供的报价,综合考虑设备运杂费,由于主要设备和操作机械均为常规设备,国内生产厂家完全能生产,因此均采用国内设备。

不足部分参考已完成的类似工程,并考虑当地的市场价格因素做了适当的调整。

（3）工程建设其他费用标准

工程设计费:根据计价［2002］10 号文计算。

施工图审查费:根据渝价［2013］423 号文件计算。

招标代理服务费:根据渝价［2002］1980 号文件计算。

工程造价咨询服务费:根据渝价［2010］69 号文件计算。

工程建设监理费:根据发改价［2007］670 号文件计算。

建设单位管理费:根据财建［2002］394 号文件计算。

建设管理代理费:根据计价格［2002］1980 号文件计算。

建设工程综合服务费:根据渝价［2011］462 号文件计算。

场地准备及临时设施费:按工程费用的 2.5%计算。

工程保险费:根据渝建发［1999］221 号文件计算。

基建竣工财务决算:按照建设工程费用的 0.4%计算。

（4）工程预备费

本工程预备费按建筑工程费用的 5%计算。

3.1.6.2　投资估算构成

本项目总投资:192.61 万元。

建安工程费用:118.10 万元。

其他费用:64.42 万元。

工程预备费:9.13 万元。

铺底流动资金:0.96 万元。

3.1.6.3　资金筹措

本工程资金来源为业主自有资金。

图 3.1.13 为污水处理站平面布置图。图 3.1.14 为污水处理站工艺流程图。图 3.1.15 为综合用房布置图。

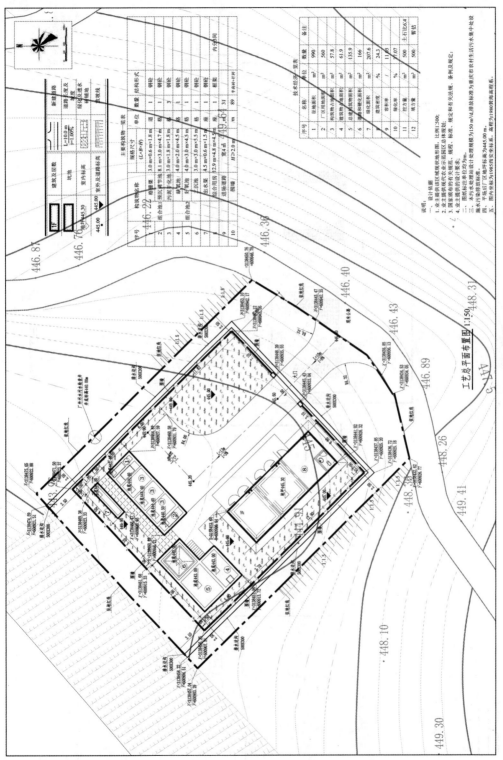

图 3.1.13　污水处理站平面布置图

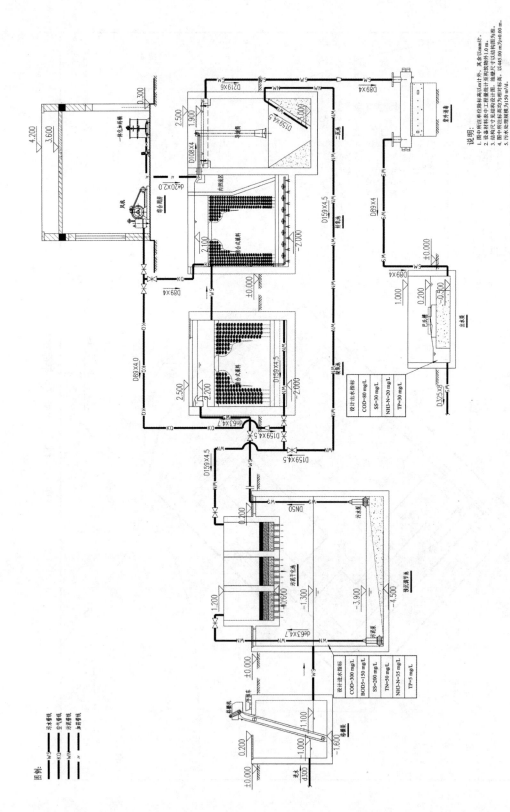

图 3.1.14 污水处理站工艺流程图

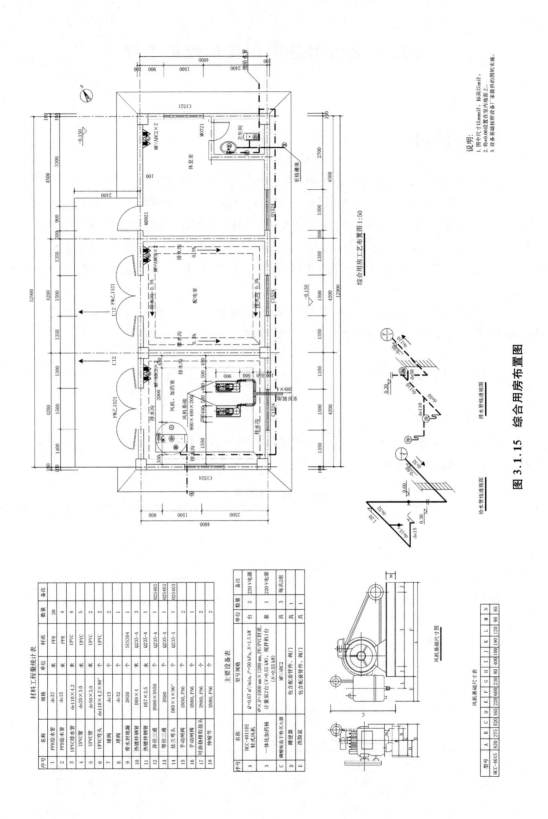

图 3.1.15　综合用房布置图

案例2 某污水处理厂提标改造工程

3.2.1 工程概况

本工程为某污水处理厂提标改造工程,项目建设地点位于集镇边上,主要处理场镇生活污水。污水处理厂现主体工艺为"A^2/O+二沉池+接触消毒",排放标准为《城镇污水处理厂污染物排放标准》(GB 18918—2002)一级B标。原设计的规模预计为1500 m^3/d,现污水最大进水量约为2500 m^3/d,已超负荷运行,需进行扩建;根据当地环保要求,排放标准需提高到《城镇污水处理厂污染物排放标准》(GB 18918—2002)一级A标。因此,实施本项目提标改造工程。

本次提标改造工程在原污水处理厂内进行,提标改造规模为3000 m^3/d,提标改造排放标准为《城镇污水处理厂污染物排放标准》(GB 18918—2002)一级A标。

3.2.2 设计要求

1. 设计进水水质

根据本项目的实测进水水质数据和考虑场镇管网加强清污分流和收集效能的提升后水质浓度的变化,确定本工程的设计进水水质如表3.2.1所示。

3.2.1 进水水质表

指标	COD (mg/L)	BOD_5 (mg/L)	SS (mg/L)	TN (mg/L)	$NH_3\text{-}N$ (mg/L)	TP (mg/L)	动植物油 (mg/L)
数值	330	180	250	55	40	6	10

场镇餐饮等废水达到《污水排入城镇下水道水质标准》(GB/T 31962—2015)的规定后排入市政管网。

2. 设计出水水质

本次提标改造工程设计出水标准执行《城镇污水处理厂污染物排放标准》(GB 18918—2002)一级A标准。

本污水处理厂设计出水水质见表3.2.2所示。

表3.2.2 出水水质表

指标	BOD_5 (mg/L)	COD (mg/L)	SS (mg/L)	$NH_3\text{-}N$ (mg/L)	TN (mg/L)	TP (mg/L)	动植物油 (mg/L)	大肠杆菌 (个/L)
数值	10	50	10	5(8)	15	0.5	1	1000

3.2.3 技术及方案论证

3.2.3.1 厂址选择

本次提标改造工程为原厂址内提标改造,不新增建设用地。

1. 地质条件

本项目厂区平坦,地质条件较好,厂区外四周为斜坡,已修建挡墙。

2. 交通条件

交通便利,距县城城区 24 km。污水处理厂已修建进场道路,进场施工方便。

3. 供电及照明

污水处理厂供电设施齐全,设置有专变,功率为 125 kVA。厂内已有照明设施。

4. 施工用房

厂区内有综合用房可用作施工临时管理用房。

5. 供水

厂区现有 DN40 的给水干管穿澎溪河接入污水处理厂,可用作施工用水。

6. 排水

污水处理厂现有处理设施可作为施工期间临时污水处理设施。

7. 涉洪行洪

根据现场调查,污水处理厂位于洪水位以上。

8. 周边环境情况

污水处理厂周围除厂界外有一家停止营业的农家乐外无其他敏感点。

3.2.3.2 水质特征分析

污水处理厂设计进水水质技术性能指标见表 3.2.3。

1. 可生化分析

污水 BOD_5/COD 值是判定污水可生化性的重要指标。一般认为 $BOD_5/COD>0.4$ 可生化性较好,$BOD_5/COD>0.3$ 可生化,$BOD_5/COD<0.3$ 较难生化,$BOD_5/COD<0.25$ 不易生化。

根据表 3.2.3 的分析可知,该污水 $BOD_5/COD=0.45$,可生化好,可以采用生化处理工艺。

表 3.2.3 进水水质指标

项　　目	比　　值
BOD_5/COD	0.45
BOD_5/TN	2.7
BOD_5/TP	25

2. 生物脱氮分析

城市污水脱氮技术可分为生物脱氮和物理化学方法脱氮。

BOD_5/TN（即 C/N）比值是判别能否有效脱氮的重要指标。从理论上讲，C/N≥2.86就能进行脱氮，但一般认为 C/N≥3.5 才能进行有效脱氮。

本工程进水水质 C/N=2.7，基本满足生物脱氮的要求，运行过程中当进水 C/N 较低时，污水中有机物不满足生物脱氮需求时，通过设置的碳源投加装置补充碳源。

3. 生物除磷分析

BOD_5/TP 是衡量能否采用生物除磷的重要指标。一般认为该值大于 20 就能进行生物除磷，比值愈大，除磷效果愈好。

本工程进水水质 BOD_5/TP=25，生物除磷效果较好。当实际生物除磷不能满足出水总磷的要求时，可以辅以化学除磷。

3.2.3.3 生化处理方案论证

根据以上分析，本项目主要为生活污水，可生化性好，适合采用具有脱氮除磷功能的生物处理作为二级处理工艺。

结合本项目规模较小和原有构筑物情况，适合的主体工艺有"CASS 工艺"和"改良型 A^2/O"工艺，将这两种工艺作为本项目的备选方案，通过技术经济比较，最终确定提标改造方案。

方案 1：CASS 工艺。

方案 2：改良型 A^2/O 工艺。

下面分别对这两种工艺进行介绍，再通过比选确定最适合于本项目的处理工艺。

1. CASS 工艺

CASS 工艺是由 SBR 工艺演变而来的。

SBR（sequencing batch reactor）又称序批式活性污泥法，所谓序批式是相对常用的过流式而言的，过流式是一种空间顺序的处理方式，污水流经不同功能的构筑物过程中逐渐净化，最终达到排放标准。SBR 则是一种时间顺序的处理方式，进水、曝气、沉淀、出水等处理过程同一周期不同时段在同一座池子中完成，但进水是连续的过程。早期人工管理复杂，难以控制，近年来，随着计算机和自动控制技术的发展，一些水质仪表如溶解氧测定仪的开发应用，使 SBR 法越来越多地应用于城市污水和各种工业废水的处理中（图 3.2.1），也促使 SBR 工艺得到完善发展。

CASS 工艺是间歇式活性污泥法的一种先进变型，是目前国际上较多地应用于污水处理厂的间歇运行的活性污泥法工艺。与传统序批式 SBR 工艺不同，在循环式活性污泥法中有生物选择器。

CASS 生物反应池分两个区域，容积较小的第一区域作为生物选择器，第二区为主反应区，第一区和第二区在水力上是相通的。用泵将主反应区的活性污泥回流到选择器中。

生物选择器呈缺氧-厌氧状态，在选择器中基质浓度梯度较大，污泥负荷较高，可有效避免污泥膨胀，提高系统运行的稳定性。另外，间歇曝气方式，可使活性污泥周期性地经历好氧和厌氧阶段，生物选择器的设置可以促进和强化系统的生物除磷效果而无需在系统中设置独立的厌氧搅拌阶段，系统即可具有良好的生物除磷功能。通过严格控制溶解氧浓度可以实现同步硝化反硝化,故无须设置缺氧搅拌阶段。

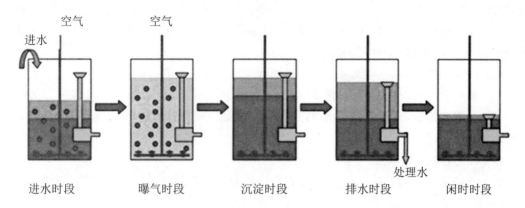

图 3.2.1　SBR 法处理过程图

CASS 工艺在一个(或多个平行运行)反应容积可变的池子中,完成生物降解过程和泥水分离过程,因此在该工艺中无须设置单独的二沉池。在 CASS 工艺中,活性污泥法过程按曝气和非曝气阶段不断重复进行。在曝气阶段完成生物降解过程,在非曝气阶段主要是完成泥水分离过程和撇水过程。污水在反复的厌氧、缺氧、好氧环境中完成污水的处理和除磷脱氮,设计上常需若干座池子组合而成轮换运行,例如:第一池进水,第二池曝气,第三池沉淀排水,第四池备用。

CASS 工艺脱氮除磷的原理:除磷是靠厌氧捕捉选择区(预反应区)和曝气反应区(主反应区)完成的,硝化和反硝化是在主反应区完成的。从充水-曝气开始,溶解氧(DO)浓度从 0 mg/L 逐渐增加到 2 mg/L 的过程中,大约有 50% 的时间其(DO)接近于零,约 30% 时间 DO 在 1 mg/L 左右,约 20% 时间 DO 在 2 mg/L 左右。DO 能否进入微生物絮体内,取决于絮体大小和活性污泥的耗氧速率,一般情况下耗氧速度较快,当 DO 含量不高时溶解氧很难进入絮体内部,这样在絮体内形成了微缺氧环境,而硝化产生的较多浓度梯度的 NO_3-N 可进入絮体内部,使絮体内部发生反硝化作用,使硝化和反硝化过程同时发生。

CASS 工艺流程如图 3.2.2 所示。

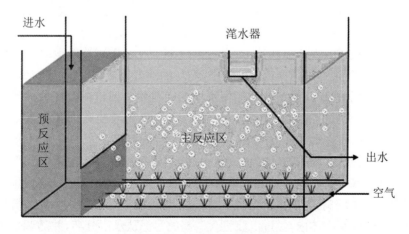

图 3.2.2　CASS 工艺流程图

CASS 工艺的主要优点:

（1）具有完全混合式和推流式曝气池的双重优势，能承受水量、水质变化较大的冲击负荷，处理效果稳定。

（2）在进行生物除磷脱氮操作时，整个工艺的控制良好，处理后的出水水质尤其是除磷脱氮的效果优于传统的活性污泥法。

（3）污泥系统运行简单，无需进行大量的污泥回流和内回流。

（4）采用组合式模块结构，布置紧凑，占地面积小。

（5）污泥产量少，污泥可趋于相对好氧稳定，污泥处理构筑物少，只需进行重力浓缩、机械脱水即可。

CASS 工艺的主要缺点：

（1）每组生物池都有曝气、搅拌、滗水设备，因此设备投资量较大；生物池采用滗水器出水，水头浪费较大。

（2）虽可省去二沉池，但流程上各构筑物容积之和减少不多，总容积利用率较低，一般只有 50% 左右。

（3）控制设备较多，控制水平要求高。

2. 改良型 A^2/O 工艺

A^2/O 工艺是 Anaerobic-Anoxic-Oxic 的英文缩写，它是厌氧－缺氧－好氧生物脱氮除磷工艺的简称。

A^2/O 工艺是于 20 世纪 70 年代由美国专家在厌氧-好氧除磷工艺（A/O 工艺）的基础上开发出来的，A^2/O 工艺是通过厌氧、缺氧、好氧三种不同的环境条件和微生物菌群种类的有机配合，同时具有去除有机物、脱氮除磷的功能，在厌氧缺氧段为除磷和脱氮提供各自不同的反应条件，在最后的好氧段为三个指标的处理提供了共同的反应条件。这就能够用简单的流程、尽量少的构筑物，完成复杂的处理过程。

在厌氧（DO<0.2 mg/L）条件下，原污水与同步进入的二沉池回流的含磷污泥混合后在兼性厌氧菌的作用下，部分易生物降解的大分子有机物被转化为小分子的挥发性脂肪酸，聚磷菌吸收这些小分子有机物合成 PHB 并贮存在细胞内，同时将细胞内的聚磷酸盐水解成正磷酸盐，释放到水中，释放的能量可供专性好氧的聚磷菌在厌氧的抑制环境下维持生存。释磷的结果是污水中的溶解性磷浓度升高，部分或全部溶解性有机物被利用而使污水中的 BOD_5 浓度下降。

废水经过厌氧池进入缺氧池（0.2 mg/L≤DO≤0.5 mg/L），缺氧池的首要功能是反硝化脱氮，硝态氮由好氧池通过内循环回流送来，循环的混合液量较大，一般为 200%～300%，混合液进入缺氧段以后，反硝化细菌利用污水中的有机物将回流混合液种的硝态氮还原为氮气释放到空气中，有效地完成反硝化反应。因此，有机物浓度和硝态氮浓度都将大大降低。其次在该段可能发生磷的释放或吸收反应，或二者同时存在。

混合液从缺氧池进入好氧池（DO=2～4 mg/L），好氧池这一反应单元是多功能的，去除 BOD_5、硝化和吸收磷等都在这一单元内进行，混合液中有机物浓度已经很低，聚磷菌主要靠分解体内储存的 PHB 来获得能量供自身生长繁殖，同时可超量吸收水中的溶解性正磷酸盐以聚磷酸盐的形式储存在体内，经过沉淀将含磷高的污泥从水中分离，并随剩余污泥排出系统，从而达到除磷效果。

传统的 A^2/O 工艺的流程简图如图 3.2.3 所示。

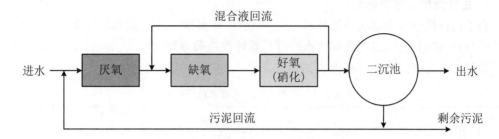

图 3.2.3 传统的 A^2/O 工艺的流程简图

传统的 A^2/O 工艺优点：

(1) 效率高。该工艺对废水中的有机物、氨氮和磷等均有较好的去除效果。

(2) 流程简单,投资省,运行管理方便,操作费用低。

(3) 在厌氧-缺氧-好氧交替运行下,丝状菌不会大量繁殖,SVI 一般小于 100,通常不会发生污泥膨胀。

(4) 缺氧反硝化过程对污染物具有较高的降解效率。

(5) 耐负荷冲击能力较强。

传统的 A^2/O 工艺缺点：

(1) 若要提高脱氮效率,必须加大内循环比,因而加大了运行费用。

(2) 沉淀池要防止发生厌氧、缺氧状态,以避免聚磷菌释放磷而降低出水水质和反硝化产生 N_2 而干扰沉淀。

(3) 回流污泥含有一定硝态氮,使厌氧段难以保持理想的厌氧状态,一定程度上会影响聚磷菌释磷效果。

针对以上的缺点,为了强化 A^2/O 工艺的脱氮除磷效果,将 A^2/O 工艺进行改进,产生了多种改良型的 A^2/O 工艺。其中在传统 A^2/O 工艺厌氧区前端增设厌氧/缺氧调节区(预反硝化区),回流污泥和一定比例进水(50%以下)进入该区,水力停留时间 20~30 min,利用小比例进水中的有机物和活性污泥的内源代谢进行反硝化,有效去除回流污泥中的硝态氮,使后续厌氧区不受回流硝态氮的不利影响,聚磷菌能充分利用进入厌氧区的快速生物降解有机物。其工艺流程简图如图 3.2.4 所示。

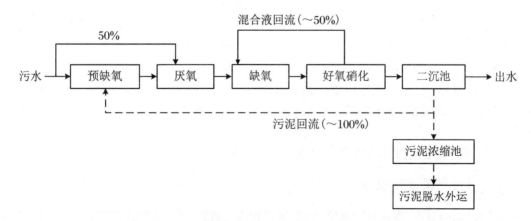

图 3.2.4 工艺流程简图

3．生化处理工艺的确定

为了选择最适合于本项目的技术方案，分别从技术和经济两方面对方案 1 和方案 2 进行比较，从中选出最优、最切合本污水处理厂提标改造的方案。

处理工艺方案经济比较见表 3.2.4。

表 3.2.4　生物处理工艺技术经济比较表

项目	比较	方案 1 CASS 工艺	方案 2 改良型 A^2/O 工艺
工艺流程	基本相当	较简单	较简单
占地面积	基本相当	现有厂区满足要求	现有厂区满足要求
工程投资	方案 2 优	较高	较低
运行成本	方案 2 优	1.25 元/m^3	1.15 元/m^3
预处理要求	基本相当	进行简单预处理	进行简单预处理
能耗水平	方案 2 优	能耗较高	能耗较低
出水水质	基本相当	可稳定达一级 B 标准	可稳定达一级 B 标准
生物脱氮	方案 2 优	较好	好
生物除磷	基本相当	较好	较好
污泥处理	基本相当	剩余污泥量较少	剩余污泥量较少
抗冲击负荷	方案 1 优	强	较强
自控要求	方案 2 优	较高	较低
管理维护	方案 2 优	较复杂	较简单
机械设备	方案 2 优	较多	较少
卫生条件	基本相当	较好	较好
改造难易	方案 2 优	难以利旧现有建构筑物	能充分利旧现有建构筑物
运行灵活	方案 2 优	较灵活	灵活
综合评价	方案 2 优	良	优

结合本污水处理厂特点和厂区现有构筑物及厂区布置情况。方案 2 工艺可有效利用原有构筑物改造和厂区内用地进行提标改造，且改良型 A^2/O 工艺针对性强化了生物脱氮除磷效果，运行管理方便，便于根据进水水质水量的变化进行工艺调节，适合于本项目的提标改造。

因此，本设计推荐采用方案 2：改良型 A^2/O 工艺。

3.2.3.4　深度处理方案

根据前面的分析，本项目出水需达到《城市污水处理厂污染物排放标准》一级 A 标准的要求，采用二级生物处理后，虽然出水水质较好，但仍不能满足排放标准的要求，需要对二级生化系统出水进行进一步处理。

深度处理的重点是进一步提高二级处理难以达到的 SS 和 TP 去除率,同时进一步去除有机物。

深度处理工艺重点处理对象如下:

1. 悬浮物

污水处理厂出水中 SS 含量的高低,对其他指标都有决定性影响,特别是 BOD_5、COD_{Cr} 和 TP 等。SS 的去除程度是出水是否全面达标的决定性因素之一。

脱氮除磷二级处理出水中残留的悬浮物几乎都是有机类,50%~80%的 BOD_5 都来源于这些颗粒,为了进一步提高出水水质标准,去除这些颗粒物是非常必要的。去除二级处理出水中的 SS 常用的方法是采用混凝、沉淀和过滤工艺,在该工艺过程中,不仅可以去除水中悬浮状的细微颗粒杂质,而且可以去除水中大分子的胶体物质。也可以采用其他高效固液分离技术,如膜分离技术,将大部分 SS 颗粒截留。

2. 有机物

二级处理出水中的有机物主要为溶解性的有机物和悬浮性的有机物。可生物降解的溶解性有机物在二级生化处理过程中基本上可以去除,残存的溶解性有机物多是丹宁、木质素和黑腐酸等难降解的有机物,这些有机物通过混凝沉淀工艺可以部分去除,而悬浮性的有机物可以通过 SS 的去除得以去除。

3. 化学除磷

本污水处理厂采用改良型 A^2/O 为主体的工艺,同时脱氮和除磷难以同时达到很好的去除效果。要取得良好的脱氮效果,采用较长的污泥龄有利于硝化菌的生长,但生物除磷的效果会有所降低,因此需辅助化学除磷增强磷的去除。

化学除磷主要是向污水中投加药剂,使药剂与水中溶解性盐形成不溶性磷酸盐沉淀物,然后通过固液分离使磷从污水中除去。固液分离可单独进行,也可在初沉池或二沉池内进行。按工艺流程中化学药剂投加点的不同,磷酸盐沉淀工艺可分成前置沉淀、协同沉淀和后置沉淀三种类型。前置沉淀的投加点在原污水进水处,形成的沉淀物与初沉污泥一起排除;协同沉淀的药剂投加点在曝气池进水或出水位置,形成的沉淀物与剩余污泥一起在二沉池排除;后置沉淀的药剂投加点是二级生物处理(二沉池)之后,形成的沉淀物在固液分离装置中进行分离,包括澄清池或滤池。

化学除磷的主要药剂有石灰、铁盐和铝盐。

本污水处理厂化学除磷采用投加 PAC 进行除磷,本次设计在好氧池出水处和二沉池后均设置了 PAC 投加点;好氧池出水端投加少量的 PAC 形成的磷酸盐沉淀与剩余污泥一起在二沉池排除;为了避免无机盐的积累影响生化池的运行效果,在二沉池之后设置了 PAC 投加点,形成的沉淀物在固液分离装置进行分离。

结合本工程实际,适合于本项目的深度处理工艺包括以下两种方案:

方案 1:高密度沉淀池 + 滤布滤池(预留)工艺。

方案 2:MBR 工艺。

下面分别对两种工艺进行介绍,再通过比选确定最适合于本项目的深度处理工艺。

1. 高密度沉淀池工艺

高密度沉淀池主要的技术是载体絮凝技术,这是一种快速沉淀技术,其特点是在混凝阶段投加高密度的不溶介质颗粒,利用介质的重力沉降及载体的吸附作用加快絮体的"生长"及沉淀,其示意图如图 3.2.5 所示。

美国 EPA 对载体絮凝的定义是通过使用不断循环的介质颗粒和各种化学药剂强化絮体吸附,从而改善水中悬浮物沉降性能的物化处理工艺。其工作原理是首先向水中投加混凝剂,使水中的悬浮物及胶体颗粒脱稳,然后投加高分子助凝剂和密度较大的载体颗粒,使脱稳后的杂质颗粒以载体为絮核,通过高分子链的架桥吸附作用以及微砂颗粒的沉积网捕作用,快速生成密度较大的矾花,从而大大缩短沉降时间,提高澄清池的处理能力,并有效应对高冲击负荷。与传统絮凝工艺相比,该技术具有占地面积小、工程造价低、耐冲击负荷等优点。

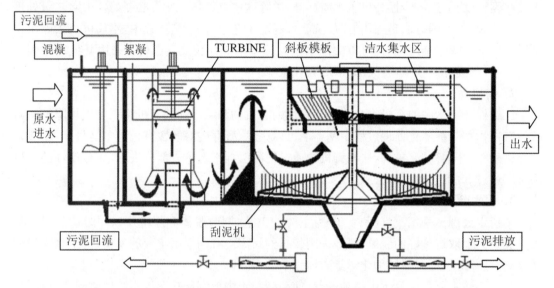

图 3.2.5　高密度沉淀池示意图

高密度沉淀池为三个池的综合体:混凝池、反应池和斜板沉淀池。

混凝池:混凝剂投加在原水中,在快速搅拌器的作用下同污水中的悬浮物快速混合,通过中和颗粒表面的负电荷使颗粒"脱稳",形成细小絮体,然后进入絮凝池,同时原水中的磷和混凝剂反应形成磷酸盐进行化学除磷。

反应池:投入混凝剂的原水通常进入中心反应筒底部,絮凝剂投加在涡旋浆的底部。反应池分为两部分,每部分的絮凝能量存在差别。中部中心反应筒内用轴流叶轮进行搅拌,该叶轮使水流在反应器内循环流动。周边区域的活塞流导致絮凝速度缓慢。

斜板沉淀池:絮凝反应后出水进入沉淀池的斜板底部,然后向上流至上部集水区,颗粒和絮体沉淀在斜板表面上并在重力作用下下滑。沉淀下来的絮体堆积在沉淀池底部,然后通过污泥泵进行排除或回流至絮凝池进水管。

2. 滤布滤池工艺

滤布滤池(图 3.2.6)属于表面过滤,它使液体通过一层隔膜(滤料)的机械筛滤,去除悬浮于液体中的颗粒物质。每套滤布滤池一般包括如下装置:

滤盘:滤盘数量根据滤池设计流量而定,每片滤盘分成若干块。

清洗装置:反冲洗装置由反冲洗水泵、管配件及控制装置组成。

排泥装置:排泥装置由集泥井、排泥管、排泥泵及控制装置组成。

滤布滤池过滤介质网孔直径为 $10 \sim 20 \ \mu m$,反洗水的消耗量≤3%,进水 SS≤30 mg/L 时可处理至≤10 mg/L,装机功率小,吨水运行成本费用≤0.01 元/m^3。

滤布滤池工艺具有处理效果好、出水稳定、连续运行能耗低、承受高水力及悬浮物负荷能力强、全自动运行、操作及保养简便、运行费用低、土建费用低及占地极小等优点,目前在污水处理厂中应用广泛。

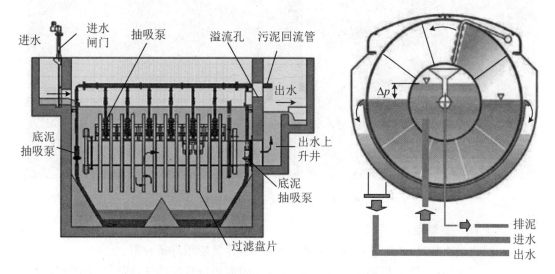

图 3.2.6　滤布滤池(左为外进内出/右为内进外出)

该工艺优点:强化了混凝、絮凝效果,节省了药剂;占地面积小、工程造价低、耐冲击负荷高;运行维护成本低,管理方便。

缺点:斜板沉淀池可能会存在堵塞现象。

3. 膜生物反应器

膜生物反应器(MBR)是一种由膜分离单元与生物处理单元相结合的新型水处理技术(图 3.2.7)。以膜组件取代传统生物处理技术末端二沉池,在生物反应器中保持高活性污泥浓度,提高生物处理有机负荷,从而减少污水处理设施占地面积,并通过保持低污泥负荷减少剩余污泥量。

该工艺主要利用沉浸于好氧生物池内的膜分离设备截留槽内的活性污泥与大分子有机物。膜生物反应器系统内活性污泥(MLSS)浓度可提升至 10000 mg/L,甚至更高;污泥龄(SRT)可延长至 30 d 以上。

膜生物反应器因其有效的截留作用,可保留世代周期较长的微生物,可实现对污水深度净化,同时硝化菌在系统内能充分繁殖,其硝化效果明显,对深度除磷脱氮提供可能。

该工艺的主要优点:

(1)高效地进行固液分离,出水水质良好,出水悬浮物和浊度极低;

(2)膜的高效截留作用,使微生物完全截留在生物反应器内,实现反应器水力停留时间和污泥龄的完全分离,运行控制灵活稳定;

(3)由于 MBR 将传统污水处理的曝气池与二沉池合二为一,并取代了三级处理的全部工艺设施,因此可大幅减少占地面积,节省土建投资;

(4)利于硝化细菌的截留和繁殖,系统硝化效率高,通过运行方式的改变亦可有脱氮功能。

图 3.2.7　MBR 反应池与膜组件

该工艺的主要缺点：

(1) 投资成本较高，该工艺所使用的膜价格昂贵，并且使用寿命有限；

(2) 运行费用高，该工艺采用动力出水，使用的膜需要进行反冲洗，所以运行费用高；

(3) 运行管理麻烦，MBR 膜容易受到污染，需要经常进行反冲洗、药洗等，运行管理非常麻烦，并且膜容易损坏，膜损坏后出水水质变差，膜的检查更换比较麻烦；

(4) 自动化控制程度高，对管理人员的要求较高。

4.深度处理工艺比选

两种深度处理工艺的技术经济比较见表3.2.5。

表 3.2.5　深度处理工艺技术经济比较表

项目	比较	方案1 高密度沉淀池＋滤布滤池(预留)工艺	方案2 MBR工艺
工艺流程	方案1优	较简单	较复杂
占地面积	基本相当	较小	较小
投资成本	方案1优	较低	较高
运行成本	方案1优	较低	较高
进水要求	基本相当	二沉池出水	可与生化池合建
能耗水平	方案1优	较低	较高
出水水质	方案1优	可稳定达标	化学除磷剂投加导致无机磷酸盐积累影响运行效果
自控要求	方案1优	较低	较高
运行管理	方案1优	较简单	较复杂

续表

项目	比较	方案1 高密度沉淀池＋滤布滤池(预留)工艺	方案2 MBR工艺
机械设备	方案1优	较少	较多
卫生条件	基本相当	较好	较好
综合评价	方案1优	优	良

通过上表的技术经济比对,MBR工艺投资成本高,运行管理不便,且投加化学除磷剂,会导致无机磷酸盐的积累。高密度沉淀池＋滤布滤池(预留)工艺,既能满足出水要求,又能满足占地要求,且运行管理方便。高密度沉淀池排出的污泥,在污泥池中还有调理污泥的作用。

实际运行过程中,采用高密度沉淀即可保证出水达一级A标,滤布滤池设备常用作保障措施。因此,本设计推荐深度处理采用"高密度沉淀池＋滤布滤池(预留)"工艺。

3.2.3.5　预处理方案

根据以上分析,本污水处理厂以"改良型A^2/O"作为生物处理工艺,由于本污水处理厂主要处理对象为生活污水,进水悬浮物浓度较高,水质水量波动较大,为了保证生化处理系统正常运行,还需要对进水进行预处理。

经复核,现有格栅渠、调节池,可进行利旧提标改造。本次提标改造原格栅渠内设置的粗格栅和细格栅利旧,原有调节池加设泥斗改为预沉池,新建调节池一座,满足水质水量调节的要求。

本方案推荐采用"粗格栅＋细格栅＋预沉池＋调节池"的预处理工艺。

格栅首先去除进水中的漂浮物和悬浮物,确保水泵正常运行。预沉池主要对进水中比重较大的无机物进行预沉淀去除,兼水质水量调节。调节池主要用于进水的水质和水量调节,为后续生化处理系统提供良好的条件。

3.2.3.6　污泥处理方案

污水处理过程中产生的污泥,有机物含量较高,不稳定,易腐化,并含有寄生虫卵,处理不好将造成二次污染,故必须妥善处理。

污泥处理的一般原则为"减容、稳定、无害化"。

一般的污泥处理工艺过程包括四个处理(处置)阶段:

污泥浓缩:使污泥初步减容,缩小后续处理构筑物的容积或设备容量。

污泥消化:分解污泥中的有机成分。

污泥脱水:使污泥进一步减容。

污泥处置:采用某种途径将脱水污泥予以消纳。

污泥浓缩有重力浓缩和机械浓缩两种。两种方式比较见表3.2.6。

污泥消化:使污泥得到充分稳定,避免在处置过程中造成二次污染。污泥消化的常用工艺有厌氧消化、好氧消化、热处理、加热干化和加碱稳定。

表 3.2.6　常用污泥浓缩工艺比较

项　目	机　械　浓　缩	重　力　浓　缩
主要构(建)筑物	1. 污泥贮泥池 2. 浓缩、脱水机房 3. 污泥堆棚	1. 污泥浓缩池 2. 脱水机房 3. 污泥堆棚
主要设备	1. 污泥浓缩、脱水机 2. 加药设备	1. 浓缩池刮泥机 2. 脱水机 3. 加药设备
占地	小	大
总絮凝剂用量	$3.5 \sim 5.5\,\mathrm{kg/(T \cdot DS)}$	$3.5\,\mathrm{kg/(T \cdot DS)}$
对环境影响	无大的污泥敞开式构筑物,对周围环境影响小	污泥浓缩池露天布置,气味难闻,对周围环境影响大
总土建费用	小	大
总设备费用	一般	稍大
对剩余污泥中磷的二次污染	无污染	有污染

污水处理厂的剩余污泥,可采用厌氧消化和好氧稳定,但采用污泥消化的投资和运行费用相对较高。对于污水处理设计规模较小,污泥泥龄比较长,污泥性质较稳定的情况,可采用工程投资较省的直接浓缩脱水的污泥处理方式。

污泥脱水一般采用机械脱水。

脱水机械种类较多,常用的有卧式离心脱水机、带式压滤机、板框压滤机、叠螺式脱水机等,根据污泥特征选用。

此外,污泥处理方式还有自然干化处理,污泥自然干化脱水主要依靠渗透、蒸发和撇除。

目前污水处理厂采用的是叠螺脱水机脱水(图 3.2.8),通过现场踏勘和复核计算,污水处理厂现状叠螺脱水机脱水效果良好,经参数复核,满足扩容后脱泥需求。因此,本次提标改造污泥脱水方式为原有叠螺脱水机利旧。

叠螺脱水机有由固定环、游动环相互层叠,螺旋轴贯穿其中形成的过滤主体。通过重力浓缩以及污泥在推进过程中受到背压板形成的内压作用实现充分脱水,滤液从固定环和活动环所形成的滤缝排出,泥饼从脱水部的末端排出。

叠螺脱水机能自我清洗,不堵塞,可以低浓度污泥直接脱水;转速慢,省电,无噪音和振动;可以实现全自动控制、24 小时无人运行,适用于规模较小项目的污泥处理。

污泥最终处置方式:本工程污泥最终处理方式是由运营单位外运至砖厂资源化利用,厂区生活垃圾交由环卫单位处理。

3.2.3.7　出水消毒方案

污水经二级处理后,水质已经得到改善,但处理水中仍含有大量的致病细菌和寄生虫卵。根据国家《城镇污水处理厂污染物排放标准》(GB 18918—2002)的排放要求,污水处理厂出水应进行消毒处理。

图 3.2.8　污水处理厂现状叠螺脱水机现场照片

污水消毒是污水处理的重要工艺过程,其目的是杀灭污水中的各种致病菌。污水消毒常用的有液氯消毒、臭氧消毒、二氧化氯消毒、次氯酸钠消毒和紫外线消毒法。

1. 液氯消毒系统

液氯消毒是污水消毒中常用的方式。氯气(Cl_2)是一种强氧化剂和广谱杀菌剂,能有效杀死污水中的细菌和病毒,并具有持续消毒作用。氯消毒具有药剂易得,成本较低;工艺简单,技术成熟;操作简单,投量准确;不需要庞大的设备等优点。但氯气有毒,腐蚀性强,运行、管理有一定的危险性。

氯气为受压的液化气体,一般用罐瓶、槽车、罐车、驳船等压力容器装运。

液氯消毒系统主要是由贮氯钢瓶、加氯机、水射器、电磁阀、加氯管道及加氯间和液氯贮藏室等组成的。

2. 二氧化氯消毒

二氧化氯具有高效氧化剂、消毒剂以及漂白剂的功能。作为强氧化剂,它所氧化的产物中无有机氯化物;作为消毒剂,它具有广谱性的消毒效果。

二氧化氯必须现场制备。现场制备二氧化氯的方法主要为化学法和电解法。

化学法制备二氧化氯消毒工艺以氯酸钠、亚氯酸钠、次氯酸钠和盐酸等为原料,经反应器发生化学反应产生二氧化氯气体,再经水射器混合形成二氧化氯水溶液,然后投加到被消毒的污水中进入消毒接触池消毒。

电解法制备二氧化氯消毒工艺以饱和食盐水为原料,通过电解产生二氧化氯、氯气、过氧化氢、臭氧的混合气体用于消毒。混合气体的协同作用,具有广谱的杀菌能力,其消毒效果远强于任何单一的消毒剂。

3. 次氯酸钠消毒

次氯酸钠消毒是利用商品次氯酸钠溶液或现场制备的次氯酸钠溶液作为消毒剂,因其溶解后产生的次氯酸对水中的病原菌具有良好的杀灭效果,故用其对污水进行消毒。

（1）次氯酸钠发生器

利用电解食盐水（或海水）制取次氯酸钠水溶液。这种发生器的优点是结构简单、自动化程度高、电耗低、耗盐量小，生产的次氯酸钠可达 10%～12%（有效氯含量）。其缺点是在电极表面易形成钙镁等沉积物，需要经常清洗电极。

商品次氯酸钠溶液有效氯含量为 10%～12%，次氯酸钠为淡黄色透明液体，具有与氯气相同的特殊气味。

（2）漂白粉

漂白粉 $CaCl_2 \cdot Ca(ClO)_2 \cdot 2H_2O$ 为白色粉末状，具有强烈气味，有效氯含量为 20%～25%。漂白粉易受潮，化学性质不稳定，日光照射和受热能使其变质而降低有效氯成分。

（3）漂粉精

漂粉精 $3Ca(ClO)_2 \cdot 2Ca(OH)_2 \cdot 2H_2O$ 的有效氯含量为 60%～70%，是一种较稳定的氯化剂，密封良好时能长期保存（一年左右）。漂粉精用于污水消毒可以直接使用粉剂投加到污水中，既可用于干式投加法，也可以将漂粉精溶解在水里，制成溶液投加到污水中，称湿式投加。

4．臭氧消毒

臭氧，分子式为 O_3，具有特殊的刺激性臭味，是国际公认的绿色环保型杀菌消毒剂。臭氧在水中产生氧化能力极强的单原子氧（O）和羟基（OH），羟基（OH）对各种致病微生物有极强的杀灭作用，单原子氧（O）具有强氧化能力，对各种病毒、细菌均有很强的杀灭能力。

臭氧消毒具有反应快、投量少；适应能力强，在 pH 为 5.6～9.8、水温为 0～37 ℃范围内，臭氧消毒性能稳定；无二次污染；能改善水的物理和感官性质，有脱色和去嗅去味作用。但缺点是无持续消毒功能、只能现场生产使用、臭氧消毒法设备费用较高、耗电较大。

臭氧制备法有电晕放电法、紫外线法、化学法和辐射法等，工程一般采用电晕放电法。

5．紫外线消毒

消毒使用的紫外线是 C 波紫外线，其波长范围是 200～275 nm，杀菌作用最强的波段是250～270 nm。紫外线消毒技术是利用特殊设计的高功率、高强度和长寿命的 C 波段紫外光发生装置产生的强紫外光照射流水，使水中的各种细菌、病毒、寄生虫、水藻以及其他病原体受到一定剂量的 C 波段紫外光辐射后，其细胞组织中的 DNA 结构受到破坏而失去活性，从而杀灭水中的细菌、病毒以及其他致病体，达到消毒杀菌和净化的目的。紫外线杀菌速度快，效果好，不产生任何二次污染，属于国际上新一代的消毒技术。但要求水中悬浮物浓度较低，以保证良好的透光性。

6．消毒方式的比较

对常用的液氯消毒、臭氧消毒、二氧化氯消毒、次氯酸钠消毒和紫外线消毒法的优缺点进行了比较，见表3.2.7。

7．消毒工艺的选取

根据以上技术经济比较，同时结合生产经营情况，漂粉精性能稳定，同时运行、管理方便，杀菌效果好，能够确保持续消毒效果，且投资及运行成本低。

结合以上因素，本次提标改造推荐采用成品消毒剂漂粉精消毒。

表 3.2.7　常用消毒方法技术经济比较

项目	氯 Cl_2	二氧化氯 ClO_2	次氯酸钠 $NaClO$	漂白粉	漂粉精	臭氧 O_3	紫外线
优点	有持续消毒作用;工艺简单,技术成熟,操作简单,投量准确	具有强烈的氧化作用,不产生有机氯化物(THMs);投放简单方便;不受pH影响	无毒,运行、管理无危险性	投加设备简单,管理方便,基建费用低	投加设备简单,管理方便,基建费用低	强氧化能力,接触时间短;不产生有机氯化物;不受pH影响	无有害的残余物质;无臭味;操作简单,易实现自动化;运行管理方便
缺点	产生具致癌、致畸作用的有机氯化物(THMs);处理水有氯或氯酚味;氯气腐蚀性强;运行管理有一定的危险性	运行、管理有一定的危险性;只能就地生产、就地使用;制取设备复杂	产生具致癌、致畸作用的有机氯化物(THMs);使水的pH升高	产生具致癌、致畸作用的有机氯化物(THMs);需定期溶解	产生具致癌、致畸作用的有机氯化物(THMs);需定期溶解	臭氧运行、管理有一定危险性;操作复杂;制取臭氧产率低;电能消耗大;基建投资较大;运行成本高	电耗大;紫外灯管与石英套管需定期更换;对处理水的水质要求较高;无后续杀菌作用
药剂稳定性	差	差	较差	较差	稳定	—	—
购买/运输	购买较难、运输要求较高	现场制作	易于购买,运输要求一般	易于购买,运输要求一般	易于购买,运输要求一般	现场制作	现场产生
运行管理	要求高	要求高	需定期溶药	需定期溶药	需定期溶药	要求高	方便
消毒效果	能有效杀菌,但杀灭病毒效果较差,有持续消毒作用	能有效杀菌,但杀灭病毒效果较差,有持续消毒作用	能有效杀菌,但杀灭病毒效果较差,有持续消毒作用	能有效杀菌,但杀灭病毒效果较差,有持续消毒作用	能有效杀菌,但杀灭病毒效果较差,有持续消毒作用	杀菌和杀灭病毒的效果均很好,无持续消毒作用	效果好,但对悬浮物浓度有要求
建设成本	中	中	低	低	低	高	中
运行成本	低	中	低	低	低	高	低

续表

项目	氯 Cl$_2$	二氧化氯 ClO$_2$	次氯酸钠 NaClO	漂白粉	漂粉精	臭氧 O$_3$	紫外线
适用条件	适用于大、中规模污水处理厂	适用于中、小型污水处理厂	适用于交通条件较好的小型污水处理厂	适用于交通条件较好的小型污水处理厂	适用于边远地区的小型污水处理厂	适用于出水水质较好、排入水体卫生条件要求高的污水处理厂	适用于出水水质高的小型污水处理厂

3.2.4　工艺设计

3.2.4.1　设计工艺流程

本污水处理厂提标改造工程拟采"预处理 + 改良型 A^2/O 工艺 + 高密度沉淀池 + 滤布滤池(预留) + 接触消毒"处理工艺,厂内的主要生产构筑物有格栅渠(利旧)、预沉池(利旧)、调节池(新建)、预缺氧池(新建)、厌氧池(新建)、缺氧池(新建)、好氧池(新建 + 利旧)、配水池(新建)、二沉池(利旧两座 + 新建一座)、高密度沉淀池(新建)、接触消毒池(新建)、出水渠(利旧);同时预留滤布滤池安装位置,工艺流程如图 3.2.9 所示。

1. 预处理段

污水处理厂提标改造处理工艺预处理段为"格栅渠 + 预沉池 + 调节池"。

厂外污水通过污水干管自流进入格栅渠,格栅渠内设置有粗/细两道格栅截留进水中大颗粒的固体污染物,从而减轻后续处理构筑物处理负荷和管道的堵塞、水泵的损坏等。格栅渠出水进入预沉池去除比重较大的无机颗粒,兼水质、水量调节。预沉池出水进入调节池进行水质、水量调节,调节池内设污水提升泵将池内污水提升进入预缺氧池和厌氧池,通过阀门调节进入预缺氧池和厌氧池进水量和比例。

2. 生化处理段

污水处理厂提标改造处理工艺生化处理段分为"预缺氧池 + 厌氧池 + 缺氧池 + 好氧池 + 二沉池"。

调节池部分出水与回流污泥进入预缺氧池,利用进水中的有机物和活性污泥的内源代谢进行反硝化,有效去除回流污泥中的硝态氮,使后续厌氧区不受回流硝态氮的不利影响。

调节池部分出水与预反硝化池出水进入厌氧池,聚磷菌进行释磷和部分有机物的去除,一定程度上厌氧生物反应可提高污水可生化性。厌氧池出水和好氧池回流混合液进入缺氧池进行反硝化脱氮和有机物的去除。缺氧池出水进入好氧池进行硝化反应、有机物的去除和聚磷菌的吸磷,好氧池末端设置混合液回流泵,回流混合液至缺氧池反硝化脱氮。

好氧池出水进入配水池,配水池设置了 PAC 投加点辅助化学除磷,配水池将好氧池出水均匀配置至 3 座二沉池,配水池出水中磷酸盐沉淀污泥和活性污泥进入二沉池进行泥水分离,二沉池设置污泥泵将部分污泥回流至预缺氧池补充生化段污泥,剩余污泥进入污泥浓缩池。

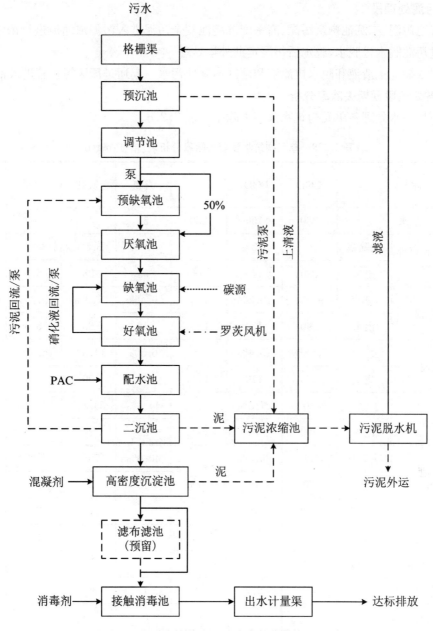

图 3.2.9 污水处理工艺流程简图

3. 深度处理段

污水处理厂提标改造处理工艺深度处理段为"高密度沉淀池+滤布滤池(预留)"。

二沉池出水进入高密度沉淀池混合区与投加的混凝剂在高速搅拌器作用下污水中的颗粒表面脱稳,形成细小颗粒进入絮凝区,同时进水中的磷与混凝剂反应生成磷酸盐。混合区出水进入絮凝区形成大颗粒絮体。絮凝区出水进入高密度沉淀池沉淀区进行泥水分离,从而去除污水中的 SS 和磷,高密度沉淀池设污泥泵,将沉淀区污泥部分回流至高密度沉淀池絮凝区以加强絮凝效果,同时将剩余污泥排至污泥浓缩池。高密度沉淀池出水进入接触消毒池消毒,接触消毒池出水进入出水计量渠计量后达标外排,出水一部分可回用于厂区绿化。

本次设计预留了滤布滤池设备安装位置后期实施。

4．污泥处理段

预沉池污泥、二沉池剩余污泥、高密度沉淀池剩余污泥进入污泥浓缩池进行浓缩调理后定期通过污泥脱水机脱水，脱水后污泥定期外运处理。

污泥浓缩池上清液和脱水机滤液和厂区内其他污水一起通过厂区污水管进入格栅渠。

5．各处理段预期去除率分析

本项目污水处理各单元构筑物预期去除率见表3.2.8。

表3.2.8　单元构筑物预期去除率分析表(单位:mg/L)

水样		COD	BOD₅	SS	总氮	氨氮	总磷	动植物油
进水		330	150	250	55	40	6	10
格栅渠+预沉池+调节池	去除率	3.0%	3.3%	60%	3.6%	5.0%	3.3%	20.00%
	出水	320	145	100	53	38	5.8	8
预缺氧池	去除率	9.4%	10.3%	—	9.4%	7.9%	5.2%	12.5%
	出水	290	130	4000	48	35	5.5	7
厌氧池	去除率	13.8%	15.4%	—	6.3%	14.3%	5.5%	28.6%
	出水	250	110	4000	45	30	5.2	5
缺氧池	去除率	24.0%	27.3%	—	44.4%	33.3%	3.8%	50%
	出水	190	70	4000	25	20	5.0	2.5
好氧池	去除率	73.7%	85.7%	—	40.0%	75%	50%	60%
	出水	50	10	4000	15	5	2.5	1
二沉池	去除率	2.0%	2.0%	—	—	—	60%	—
	出水	49	9.8	50	15	4.5	1.0	1
高密度沉淀池+滤布滤池(预留)	去除率	2.0%	0.10%	—	—	—	50%	10%
	出水	48	9.7	9	15	4.5	0.5	0.9
接触消毒池+出水计量渠	去除率	—	—	—	—	—	—	—
	出水	48	9.7	9	15	4.5	0.5	0.9
出水水质		≤50	≤10	≤10	≤15	≤5	≤0.5	≤1
排放限值要求		50	10	10	15	5(8)	0.5	1
总去除率		≥84.8%	≥93.3%	≥96.0%	≥72.7%	≥87.5%	≥91.7%	≥90.0%

注:各水质指标在生化池的浓度为相对浓度,未考虑回流稀释作用。

根据前面论证,本污水处理厂设计规模为3000 m³/d,每天按24 h运行考虑,平均处理规模为125 m³/h,污水总变化系数为2.16,则最高日最高时流量为270 m³/h。

3.2.4.2 利旧改建格栅渠/预沉池

1. 功能性能

格栅渠:用以截留大粒径的固体污染物,以便减轻后续处理构筑物的处理负荷,并防止大粒径污染物进入污水处理系统后堵塞管道、损坏设备等。

预沉池:沉淀去除进水中比重大的无机沙粒、悬浮物等和进行水质的调节。

2. 设计参数

平均设计流量:125 m^3/h。

3. 主要工程内容

(1) 格栅渠(利旧)结构形式:钢混。尺寸:$L \times B \times H = 8.65 \, m \times 0.60 \, m \times 2.90 \, m$。数量:1道。栅前水深:0.4 m。

(2) 预沉池(改建)结构形式:钢混。提标改造方式:增设泥斗。尺寸:$L \times B \times H = 8.00 \, m \times 7.80 \, m \times 4.85 \, m$。数量:2格。有效水深:1.4 m。有效容积:174 m^3。调节时间:1.4 h。

4. 主要利旧设备

主要利旧设备如表3.2.9所示。

表 3.2.9 主要利旧设备

序号	名称	技 术 参 数	单位	数量	备注
L-1	回转式机械粗格栅	$B = 500 \, mm$,$b = 20 \, mm$,渠深 2.9 m,$N = 0.75 \, kW$,安装角度 75°,卸料口高出地面 800 mm	台	1	利旧
L-2	回转式机械细格栅	$B = 500 \, mm$,$b = 5 \, mm$,渠深 2.9 m,$N = 0.75 \, kW$,安装角度 75°,卸料口高出地面 800 mm	台	1	利旧

5. 主要新增设备

主要新增设备如表3.2.10所示。

表 3.2.10 主要新增设备

序号	名称	技 术 参 数	单位	数量	备注
Z-1	污泥泵(潜污泵)	$Q = 25 \, m^3/h$,$H = 10 \, m$,$N = 1.5 \, kW$,含导轨、SUS304 提升链条 10 m、自耦装置等,池深 6.0 m	台	3	两用一备
Z-2	龙门架	跨度 1.5 m,高度 1.5 m,15♯槽钢制作	套	2	新增
	手动葫芦	$T = 0.5 \, t$	套	1	新增
Z-3	手推渣车	$V = 0.4 \, m^3$,SUS304,3 mm,配套塑料桶两个,车体设沥水小孔	辆	2	新增

3.2.4.3 新建生化组合池/风机房

新建生化组合池包括调节池、预缺氧池、厌氧池、缺氧池、好氧池。风机房建于调节池之上。

运行方式:调节池分两组,生化段两组并列运行。

结构形式:钢砼、池体加盖。

1. 功能

调节池:水质、水量调节。

预缺氧池:去除回流污泥中硝态氮,使厌氧区不受回流污泥中的硝态氮影响。

厌氧池:聚磷菌释磷为好氧聚磷做准备,部分有机物去除,提高可生化性。

缺氧池:反硝化脱氮,去除部分有机物,提高可生化性。

好氧池:去除有机物,进行硝化反应和聚磷菌吸磷。

2. 设计参数

平均设计流量:125 m³/h。气水比:7:1~8:1。回流污泥浓度:8000 mg/L。污泥回流比:100%。生化池污泥浓度:4000 mg/L。硝化液回流比:200%~300%。

3. 主要工程内容

(1) 调节池

尺寸:$L \times B \times H = 9.00 \text{ m} \times 8.00 \text{ m} \times 6.00 \text{ m}$。数量:2格。有效水深:3.2 m。有效容积:500 m³。调节时间:3.7 h。

(2) 预缺氧池

单格尺寸:$L \times B \times H = 8.00 \text{ m} \times 2.00 \text{ m} \times 5.5 \text{ m}$。数量:2组。有效水深:5.2 m。有效容积:166 m³。停留时间:1.3 h。

(3) 厌氧池

单格尺寸:$L \times B \times H = 8.00 \text{ m} \times 3.00 \text{ m} \times 5.50 \text{ m}$。数量:2组。有效水深:5.2 m。有效容积:250 m³。停留时间:2.0 h。

(4) 缺氧池

单格尺寸:$L \times B \times H = 8.00 \text{ m} \times 8.00 \text{ m} \times 5.50 \text{ m}$。数量:2组。有效水深:5.1 m。有效容积:650 m³。停留时间:5.2 h。

(5) 好氧池(一)

单格尺寸:$L \times B \times H = 8.00 \text{ m} \times 4.50 \text{ m} \times 5.50 \text{ m}$。数量:2组。有效水深:5.1 m。有效容积:367 m³。停留时间:2.9 h。

(6) 风机房(新建)

新建于调节池上方组合修建,内设风机房和配电间。数量:1座。结构:框架。尺寸:$L \times B \times H = 17.1 \text{ m} \times 9.65 \text{ m} \times 4.50 \text{ m}$。

4. 主要新增设备

主要新增设备如表3.2.11所示。

表 3.2.11　主要新增设备

序号	名称	技术参数	单位	数量	备注
Z-1	调节池污水提升泵（潜污泵）	$Q=62.5\ \mathrm{m^3/h}$，$H=12\ \mathrm{m}$，$N=4\ \mathrm{kW}$，变频。池深 6 m，含导轨、自耦装置、SUS304 提升链条 10 m 等	台	4	新增，两用两备，高液位时启动备用泵
Z-2	调节池潜水搅拌机	$\varPhi=320\ \mathrm{mm}$，$n=740\ \mathrm{r/min}$，$N=2.2\ \mathrm{kW}$，带导流罩，配套提升装置，SUS304 材质	套	2	新增
Z-3	电磁流量计	AC220 V，4～20 mA，分体式安装，DN150	台	2	新增
Z-4	预缺氧池潜水搅拌机	$\varPhi=260\ \mathrm{mm}$，$n=740\ \mathrm{r/min}$，$N=0.8\ \mathrm{kW}$，带导流罩，配套提升装置 SUS304 材质	台	2	新增
Z-5	厌氧池潜水搅拌机	$\varPhi=280\ \mathrm{mm}$，$n=740\ \mathrm{r/min}$，$N=1.1\ \mathrm{kW}$，带导流罩，配套提升装置 SUS304 材质	台	4	新增
Z-6	缺氧池潜水搅拌机	$\varPhi=300\ \mathrm{mm}$，$n=740\ \mathrm{r/min}$，$N=1.5\ \mathrm{kW}$，带导流罩，配套提升装置 SUS304 材质	套	4	新增
Z-7	罗茨鼓风机	$Q=14.6\ \mathrm{m^3/min}$，$P=53.9\ \mathrm{kPa}$，$N=22\ \mathrm{kW}$（变频），含进出口消声器、12♯槽钢基座、安装附配件、阀门等	台	2	新增，一用一备
Z-8	隔音罩	配套排风扇 $N=0.37\ \mathrm{kW}$，用于新增风机	套	2	新增
Z-9	轴流风机	外径 $\varPhi400\ \mathrm{mm}$，$Q=4000\ \mathrm{m^3/h}$，$P=150\ \mathrm{Pa}$，$N=0.25\ \mathrm{kW}$	台	7	新增，配套百叶窗
Z-10	PAC 一体化溶药装置（用于高密度沉淀加药）	材质 SUS304，厚 2.5 mm、$L\times B\times H=2.0\ \mathrm{m}\times1.0\ \mathrm{m}\times1.5\ \mathrm{m}$，SUS316 搅拌机两台，$N=1.1\ \mathrm{kW}\times2$	套	1	新增
Z-11	隔膜计量泵	$Q=100\ \mathrm{L/h}$，$P=0.6\ \mathrm{MPa}$、$N=0.25\ \mathrm{kW}$	台	2	新增，一用一备，PAC 加药
Z-12	PAM 一体化溶药装置（用于高密度沉淀加药）	材质 SUS304，$\delta=2.5\ \mathrm{mm}$、$L\times B\times H=2.0\ \mathrm{m}\times1.0\ \mathrm{m}\times1.5\ \mathrm{m}$，SUS316 搅拌机两台，$N=1.1\ \mathrm{kW}\times2$，带干粉投加器，$N=0.25\ \mathrm{kW}\times2$	套	1	新增
Z-13	隔膜计量泵	$Q=100\ \mathrm{L/h}$，$P=0.6\ \mathrm{MPa}$、$N=0.25\ \mathrm{kW}$	台	2	新增，一用一备，PAM 加药

序号	名称	技术参数	单位	数量	备注
Z-14	LX 型电动单梁悬挂桥式起重机	起重量 2 t，运动速度 20 m/min，功率 2×0.8 kW，轨道中心间距 7.5 m，轨道长度 12 m，(配套 CD1 型电动葫芦：主起升电动机功率 3 kW，运行电动机功率 0.4 kW，运行速度 20 m/min，起升速度 8 m/min，起升高度 12 m)，适用轨道工字钢为 45 c，含其他安装附配件	套	1	由厂家提供配电箱
Z-15	碳源投加装置	桶体材质 PE，Φ1200 mm × 1200 mm，SUS316 搅拌机 1 台，$N = 0.37$ kW	套	2	
Z-16	玻璃钢屋顶风机	$Q = 5000$ m³/h，$H = 150$ Pa，$N = 0.37$ kW，叶片直径 DN400	台	2	

3.2.4.4 利旧改建好氧池(二)

1. 改建方式

原生化组合改建为好氧池。结构形式：钢砼。运行方式：两组并列运行。

2. 功能性能

好氧池：去除有机物，进行硝化反应和聚磷菌吸磷。

3. 主要工程内容

二级缺氧池：

区域 1 单格尺寸：

$$L \times B \times H = 7.0\ \text{m} \times 3.7\ \text{m} \times 5.45\ \text{m}(原缺氧、厌氧池)$$

数量：两格。

区域 2 单格尺寸：

$$L \times B \times H = 7.7\ \text{m} \times 7.0\ \text{m} \times 5.45\ \text{m}(原好氧池)$$

数量：两格。有效水深：5.1 m。总有效容积：785 m³。总停留时间：6.3 h。

4. 主要利旧设备一览表

主要利旧设备一览表如表 3.2.12 所示。

表 3.2.12 主要利旧设备一览表

名称	技 术 参 数	单位	数量	备注
潜水搅拌机	QJBO.85/8 - 260/3 - 740 - C/S，$N = 0.85$ kW	套	2	利旧

5. 主要新增设备

主要新增设备如表 3.2.13 所示。

表 3.2.13 主要新增设备

序号	名称	技术参数	单位	数量	备注
Z-1	混合液回流泵（管道泵）	$Q=125\ m^3/h,H=10\ m,N=5.5\ kW$,配套 12♯槽钢座等安装附配件,进出口径 DN100	台	4	新增
Z-2	污泥回流泵（管道泵）	$Q=62.5\ m^3/h,H=10\ m,N=3\ kW$,配套 12♯槽钢座等安装附配件,进出口径 DN80	台	2	新增
Z-3	排泥泵（管道泵）	$Q=62.5\ m^3/h,H=10\ m,N=3\ kW$,配套 12♯槽钢座等安装附配件,进出口径 DN80	台	1	新增,同时作污泥回流泵备用泵

3.2.4.5 新建配水池

功能:两组好氧池出水汇入配水池后均匀配水至 3 座二沉池。数量:1 座。结构:钢砼。尺寸:$\Phi\times H=2.0\ m\times3.5\ m$。

3.2.4.6 利旧改建＋新建二沉池

1. 改建方式

拆除并更换原出水堰板,提高有效水深,安装集渣槽。数量:3 座,3 组并联运行(利旧改建两座,新建 1 座)。结构:钢砼。

2. 功能性能

生化反应的泥水分离。

3. 主要工程内容

数量:3 座。单座尺寸:$\Phi\times H=8.00\ m\times3.50\ m$。有效水深:2.2 m。表面负荷:$0.83\ m^3/(m^2\cdot h)$。沉淀时间:2.6 h。堰口负荷:$1.0\ L/(s\cdot m)$。

3. 主要利旧设备

主要利旧设备如表 3.2.14 所示。

表 3.2.14 主要利旧设备

名称	技术参数	单位	数量	备注
中心传动刮泥机	直径为 8 m,轴长为 4.0 m,$N=0.55\ kW$	套	2	利旧

4. 主要新增设备

主要新增设备如表 3.2.15 所示。

表 3.2.15　主要新增设备

序号	名称	技　术　参　数	单位	数量	备注
Z-1	中心传动刮泥机	$\Phi 8.0$ m，$N = 0.55$ kW，池深 4.3 m，周边线速度 2～3 m/min，刮泥机水下部分材质为 SUS304，水上部分材质为热镀锌配套驱动装置，配套工作桥、驱动装置、回转支撑、刮板架、稳流筒、搅拌部件、刮泥板、泥斗刮片、浮渣刮板、集渣槽、水下轴承、中心传动轴、拉杆、紧固件、电控系统等附属设备，带扭矩过载保护功能，电机防护等级 IP65	套	1	新增

3.2.4.7　新建高密度沉淀/接触消毒池/消毒室

1. 功能

高密度沉淀池:投加混凝剂进行化学除磷和沉淀去除部分 SS 及附着有机物。

接触消毒池:投加的消毒药剂与污水充分混合接触进行消毒杀菌。

消毒室:内置消毒剂溶药加药装置。

2. 设计参数

(1) 混合区

单格尺寸:$L \times B \times H = 1.10$ m$\times 1.00$ m$\times 2.5$ m。数量:2 格。有效水深:2.2 m。有效容积:5 m³。反应时间:2.3 min。

(2) 絮凝区

尺寸:$L \times B \times H = 2.50$ m$\times 2.50$ m$\times 5.5$ m。数量:1 格。有效水深:5.0 m。有效容积:30 m³。反应时间:15 min。污泥回流比:5%～10%。

(3) 斜管沉淀区

尺寸:$L \times B \times H = 3.80$ m$\times 3.80$ m$\times 5.5$ m。数量:1 格。表面负荷:8.7 m³/(m² · h)。

(4) 接触消毒池

尺寸:$L \times B \times H = 7.45$ m$\times 4.50$ m$\times 4.2$ m。数量:1 格。有效水深:3.70 m。有效容积:100 m³。消毒时间:45 min。

(5) 消毒室

修建方式:与接触消毒池组合修建,位于接触消毒池上方。数量:1 座。结构:框架。尺寸:$L \times B \times H = 6.65$ m$\times 4.90$ m$\times 3.60$ m。

3. 主要新增设备

主要新增设备如表 3.2.16 所示。

表 3.2.16 主要新增设备

序号	名称	型号与规格	单位	数量	备注
Z-1	快速混合推进式桨叶搅拌机	$\Phi600$ mm,转速为 $70\sim80$ r/min,$N=1.1$ kW,SUS316L 轴长为 2.0 m,水下不锈钢 304 叶片两组,电机防护等级 IP65	套	1	新增
Z-2	慢速混合推进式桨叶搅拌机	$\Phi800$ mm,转速为 $20\sim70$ r/min,$N=1.1$ kW,SUS316L 轴长为 3.50 m,水下不锈钢 304 叶片两组,变频控制,电机防护等级 IP65	套	1	新增
Z-3	中心反应筒	$\Phi1200$ mm$\times4000$ mm,SUS304,$\delta=4$ mm	套	1	新增
Z-4	中心传动浓缩刮泥机	$\Phi3600$ mm,外缘线速$\leqslant2$ m/min,$N=0.55$ kW,变频调速,SUS316L 轴长为 5.30 m,水下 SUS304 材质,配套驱动装置、中心传动轴、栅条、刮泥板、拉杆、紧固件等附属设备,带扭矩过载保护功能,电机防护等级 IP65,厂家配套提供配电箱(IP65),预留 MODBUS RS48 接口 5 与厂区自控通信	套	1	新增
Z-5	污泥螺杆泵	$Q=12.5$ m³/h,$P=0.6$ MPa,$N=5.5$ kW(变频),电机防护等级 IP65	台	2	新增,互为备用
Z-6	矩形穿孔集水槽	1590 mm$\times200$ mm$\times400$ mm,$\delta=4$ mm,SUS304	套	6	新增
Z-7	一体化消毒剂溶药加药设备	$L\times B\times H=3.0$ m$\times1.5$ m$\times1.3$ m(内分两格),SUS316(3 m)内衬 PP 板(3 mm),配套 SUS316 搅拌机 2 台,$N=1.5$ kW$\times2$	套	1	新增,成套
Z-8	隔膜计量泵	$Q=150$ L/h,$P=0.5$ MPa,$N=0.37$ kW	台	2	新增,一用一备
Z-9	轴流风机	外径 $\Phi300$ mm,$Q=3000$ m³/h,$P=150$ Pa,$N=0.37$ kW	套	2	新增,配套百叶窗

3.2.4.8 利旧出水计量渠

1. 功能性能

出水计量。

2. 主要工程内容

数量:1座。结构形式:砖混。尺寸:$L\times B\times H=7.50$ m$\times0.80$ m$\times1.5$ m。

2. 主要利旧设备

主要利旧设备如表 3.2.17 所示。

表 3.2.17 主要利旧设备

名称	技 术 参 数	单位	数量	备注
巴氏计量槽	量程 400 m^3/h,含超声波明渠流量计	套	1	利旧

3.2.4.9 新建回用水池

功能:用于厂区回用水的储存。结构:钢砼。数量:一座。尺寸:$L \times B \times H = 3.50 \text{ m} \times 3.50 \text{ m} \times 4.0 \text{ m}$。有效水深:2.5 m。有效容积:30 m^3。

主要新增设备如表 3.2.18 所示。

表 3.2.18 主要新增设备

名称	型号与规格	单位	数量	备注
污水回用泵(潜污泵)	$Q = 12 \text{ m}^3/h$,$H = 18 \text{ m}$,$N = 2.2 \text{ kW}$,变频,池深 4 m,含导轨、自耦装置、SUS304 提升链条 5 m 等	套	2	一用一备

3.2.4.10 新建污泥浓缩池

功能:污泥储存预调理。结构:钢砼。数量:1 座。尺寸:$L \times B \times H = 4.00 \text{ m} \times 3.50 \text{ m} \times 5.00 \text{ m}$。有效水深:4.5 m。有效容积:60 m^3。

3.2.4.11 利旧综合用房

1. 功能性能

办公、化验室、值班、休息、控制、厕所、厨房等功能用房。

2. 改建方式

尺寸:$L \times B \times H = 17.00 \text{ m} \times 12.90 \text{ m} \times 6.45 \text{ m}$(两层,共 8 间)。数量:1 座。结构:砖混。

3. 主要新增设备

主要新增设备如表 3.2.19 所示。

表 3.2.19 主要新增设备

序号	名称	规 格	单位	数量	备注
Z-1	便携式 pH 值计	测量范围(0.00~14.00),分辨率 0.01,精度 ±0.01	台	1	新增
Z-2	便携式溶解氧测试仪	测量范围 0~20 mg/L,误差范围 ±0.1 mg/L,温度范围 0~50 ℃	台	1	新增
Z-3	便携式可燃气、O_2、H_2S、NH_3 测定仪	可燃气 0%～100% LEL、氨气 0～100 ppm、氧气 0%～30% VOL、硫化氢 0～100 ppm、二级声光震动三重报警	台	1	新增

3.2.4.12 利旧脱水加药间

1. 功能性能

脱水机房、加药间。

2. 主要工程内容

结构:砖混。土建尺寸:$L \times B \times H = 10.5 \text{ m} \times 7.2 \text{ m} \times 5.45 \text{ m}$。数量:1座。

3. 主要利旧设备

主要利旧设备如表3.2.20所示。

表3.2.20 主要利旧设备

序号	名称	型号与规格	单位	数量	备注
L-1	罗茨风机	$Q = 2.5 \text{ m}^3/\text{min}$, $P = 70 \text{ kPa}$, $N = 7.5 \text{ kW}$,配套进出口消声器及阀门。	套	1	原旋流沉砂池风机利旧,重新安装
L-2	PAM 一体化加药桶	桶体材质 PE、$\Phi 1200 \text{ mm} \times 1200 \text{ mm}$,SUS316 搅拌机1台,$N = 0.37 \text{ kW}$	套	2	利旧,脱水机/污泥浓缩池加药,重新安装
L-3	叠螺脱水机	处理量:$60 \sim 120 \text{ kgDS/h}$,功率:$2.05 \text{ kW}$,SUS304 材质,螺旋轴 $\Phi 200 \text{ mm} \times 2$	台	1	成套设备利旧
L-4	污泥螺杆泵	$Q = 3.8 \sim 16 \text{ m}^3/\text{h}$, $P = 0.2 \text{ MPa}$, $N = 1.73 \text{ kW}$	台	2	一用一备,利旧
L-5	水平无轴螺旋输送机	$N = 2.5 \text{ kW}$	台	1	利旧
L-6	倾斜无轴螺旋输送机	$N = 3 \text{ kW}$	台	1	利旧
L-7	电动泥斗	$N = 1.1 \text{ kW} \times 2$	套	1	
L-8	地磅		套	1	

4. 主要新增设备

主要新增设备如表3.2.21所示。

表3.2.21 主要新增设备

序号	名称	型号与规格	单位	数量	备注
Z-1	PAC 一体化加药桶	桶体 PE 材质,$\Phi 1200 \text{ mm} \times 1200 \text{ mm}$,配套 SUS316 搅拌机,$N = 0.37 \text{ kW}$	套	1	新增,脱水机/污泥浓缩池加药

序号	名称	型号与规格	单位	数量	备注
Z-2	隔膜计量泵 （PAC 加药）	$Q=100\ \text{L/h}, P=0.4\ \text{MPa}, N=0.18\ \text{kW}$	台	3	新增，两用一备
Z-3	隔膜计量泵 （PAM 加药）	$Q=100\ \text{L/h}, P=0.4\ \text{MPa}, N=0.18\ \text{kW}$	台	3	新增，两用一备

3.2.4.13　利旧变配电室

1. 功能性能

放置变压器、配电柜、发电机。

2. 主要工程内容

结构：砖混。土建尺寸：$L\times B\times H=10.2\ \text{m}\times 9.0\ \text{m}\times 3.9\ \text{m}$。数量：1座。

3.2.4.14　预留滤布滤池房

功能：放置滤布滤池设备。

数量：1座。

结构：框架。

土建尺寸：$L\times B\times H=8.70\ \text{m}\times 6.00\ \text{m}\times 5.40\ \text{m}$。

主要新增设备如表3.2.22所示。

表 3.2.22　主要新增设备

名称	型号与规格	单位	数量	备注
滤布滤池一体化设备	单套处理规模为 1500 m^3/d，单套最大处理规模为 2000 m^3/d，外形尺寸为 4.7 m×1.5 m×2.7 m，$N=3\ \text{kW}$，主体外框材质为 4 mm SUS304，过滤材质为竖片高分子纤维专用滤布，设计进水 SS≤30 mg/L，出水 SS≤10 mg/L，水头损失≤0.2 m，吸洗耗水率≤1%。配套自动反冲洗系统、控制系统及阀门、外部管路、管配件、附材及紧固件等配套系统	套	2	预留，后期根据需要增设

3.2.4.15　新建在线监测室

功能：放置出水在线监测设备。

数量：1座。

结构：框架。

土建尺寸：$L\times B\times H=6.00\ \text{m}\times 3.60\ \text{m}\times 3.90\ \text{m}$。

在线监测指标：COD、SS、NH_3-N、TP、TN、pH（最终以环保部门确定指标为准）。

主要新增设备如表 3.2.23 所示。

表 3.2.23　主要新增设备

名称	型号与规格	单位	数量	备注
轴流风机	外径 $\Phi300$ mm，$Q=3000$ m³/h，$P=150$ Pa，$N=0.37$ kW	套	2	新增，配套百叶窗

3.2.5　主要工程量统计

主要构筑物量统计如表 3.2.24 所示。主要工艺设备材料统计如表 3.2.25 和表 3.2.26 所示。其他工程量统计如表 3.2.27～3.2.29 所示。

表 3.2.24　主要建构筑物量统计表

分类	编号	名称	规格尺寸 ($L \times B \times H$)m	数量	单位	结构	备注
构筑物	1	格栅渠	$8.85 \times 0.60 \times 2.85$	1	格	钢砼	利旧
	2	预沉池	$8.00 \times 7.65 \times 4.85$	2	格		原调节池利旧改建
	3	调节池	$9.00 \times 8.00 \times 6.00$	2	格	钢砼	新建生化组合池
	4	预缺氧池	$8.00 \times 2.00 \times 5.50$	2	格		
	5	厌氧池	$8.00 \times 3.00 \times 5.50$	2	格		
	6	缺氧池	$8.00 \times 8.00 \times 5.50$	2	格		
	7	好氧池	$8.00 \times 4.50 \times 5.50$	2	格		
	8	好氧池	$11.40 \times 7.00 \times 5.45$	2	组		原生化池改建
	9	二沉池	$\Phi8.00 \times H3.50$	3	组	钢砼	利旧改建 2 座，新建 1 座
	10	混合区	$1.10 \times 1.00 \times 2.50$	2	格	钢砼	高密度沉淀、接触消毒组合池
	11	絮凝区	$2.50 \times 2.50 \times 5.50$	1	格		
	12	斜管沉淀区	$3.80 \times 3.80 \times 5.50$	1	格		
	13	接触消毒池	$7.45 \times 4.50 \times 4.20$	1	格		
	14	出水计量渠	$7.50 \times 0.80 \times 1.50$	1	座	砖混	利旧
	15	回用水池	$3.50 \times 3.50 \times 4.00$	1	座	钢砼	新建
	16	配水池	$\Phi2.00 \times 3.50$	1	座	钢砼	新建
	17	污泥浓缩池	$4.00 \times 3.50 \times 5.00$	1	座	钢砼	新建

续表

分类	编号	名称	规格尺寸 ($L \times B \times H$)m	数量	单位	结构	备注
建筑物	18	综合用房	$260.5\ m^2$, $H=6.3\ m$	1	座	砖混	利旧
	19	污泥脱水间	$10.50 \times 7.20 \times 5.45$	1	座	砖混	利旧
	20	变配电及发电机房	$10.20 \times 9.00 \times 3.90$	1	座	砖混	利旧
	21	风机房	$17.10 \times 9.65 \times 4.50$	1	座	框架	新建,内设配电间、下为调节池
	22	滤布滤池房	$8.70 \times 6.00 \times 5.40$	1	座	框架	预留
	23	在线监测室	$6.00 \times 3.60 \times 3.90$	1	座	框架	新建
	24	消毒设备房	$6.65 \times 4.90 \times 3.60$	1	座	框架	新建,下为接触消毒池
其他	25	围墙	$H=2.5\ m$	50	m	全高砖围墙	原样恢复
	26	条石挡墙	均高 $2.0\ m$	40	m	条石挡墙	原样恢复
	27	排水沟	$B \times H = 300\ mm \times 700\ mm$	40	m	砖混	
	28	新增人行道	$B \leqslant 3\ m$,砖规格 $200\ mm \times 100\ mm \times 60\ mm$	350	m^2		灰色透水砖
	29	新增车行道	$10\ cm$ 厚碎石基层, $20\ cm$ 厚 C25 砼路面	180	m^2		拆除后修复

表 3.2.25 主要利旧工艺设备材料统计表

序号	名称	技术参数	单位	数量	备注
一		格栅渠/预沉池(改建)			
L-1	回转式机械粗格栅	$B = 500\ mm$, $b = 20\ mm$, 渠深 $2.9\ m$, $N = 0.75\ kW$, 安装角度 $75°$, 卸料口高出地面 $800\ mm$	台	1	利旧
L-2	回转式机械细格栅	$B = 500\ mm$, $b = 5\ mm$, 渠深 $2.9\ m$, $N = 0.75\ kW$, 安装角度 $75°$, 卸料口高出地面 $800\ mm$	台	1	利旧
二		好氧池(二)利旧改建			
L-1	潜水搅拌机	QJBO. $85/8 - 260/3 - 740 - C/S$, $N = 0.8\ kW$	套	2	利旧
三		二沉池(改建)			
L-1	中心传动刮泥机	直径为 $8\ m$,轴长 $4.0\ m$, $N = 0.55\ kW$	套	2	利旧

序号	名称	技 术 参 数	单位	数量	备注
四		出水渠			
L-1	巴氏计量槽	量程 400 m^3/h,含超声波明渠流量计	套	1	利旧
五		污泥脱水间			
L-1	罗茨风机	$Q = 2.5$ m^3/min, $P = 70$ kPa, $N = 7.5$ kW,配套进出口消声器及阀门	套	1	原旋流沉砂池风机利旧,重新安装
L-2	PAM 一体化加药桶	桶体材质 PE、$\Phi1200$ mm × 1200 mm,SUS316 搅拌机 1 台,$N = 0.37$ kW	套	2	利旧,脱水机/污泥浓缩池加药,重新安装
L-3	叠螺脱水机	处理量:60~120 kgDS/h,功率:2.05 kW,SUS304 材质,螺旋轴 $\Phi200$ mm × 2	台	1	成套设备利旧
L-4	污泥螺杆泵	$Q = 3.8$~16 m^3/h, $P = 0.2$ MPa, $N = 1.73$ kW	台	2	一用一备,利旧
L-5	水平无轴螺旋输送机	$N = 2.5$ kW	台	1	利旧
L-6	倾斜无轴螺旋输送机	$N = 3$ kW	台	1	利旧
L-7	电动泥斗	$N = 1.1$ kW × 2	套	1	
L-8	地磅		套	1	

表 3.2.26　主要新增工艺设备材料统计表

序号	名称	技 术 参 数	单位	数量	备注
一		格栅/预沉调节池(利旧改建)			
Z-1	污泥泵（潜污泵）	$Q = 25$ m^3/h, $H = 10$ m, $N = 1.5$ kW,含导轨、SUS304 提升链条 10 m、自耦装置等,池深 6.0 m	台	3	两用一备
Z-3	龙门架	跨度 1.5 m,高度 1.5 m,15♯槽钢制作	套	2	新增
	手动葫芦	$T = 0.5$ t	套	1	新增
Z-4	手推渣车	$V = 0.4$ m^3,SUS304,3 mm,配套塑料桶 2 个	辆	2	新增,车体设沥水小孔
二		新建生化组合池/风机房(新建)			
Z-1	调节池污水提升泵(潜污泵)	$Q = 62.5$ m^3/h, $H = 12$ m, $N = 4$ kW,变频。池深 6 m,含导轨、自耦装置、SUS304 提升链条 10 m 等	台	4	新增,两用两备,高液位时启动备用泵

序号	名称	技 术 参 数	单位	数量	备注
Z-2	调节池潜水搅拌机	$\Phi = 320$ mm,$n = 740$ r/min,$N = 2.2$ kW,带导流罩,配套提升装置,SUS304 材质	套	2	新增
Z-3	电磁流量计	AC220 V,4~20 mA,分体式安装,DN150	台	2	新增
Z-4	预缺氧池潜水搅拌机	$\Phi = 260$ mm,$n = 740$ r/min,$N = 0.85$ kW,带导流罩,配套提升装置 SUS304 材质	台	2	新增
Z-5	厌氧池潜水搅拌机	$\Phi = 280$ mm,$n = 740$ r/min,$N = 1.1$ kW,带导流罩,配套提升装置 SUS304 材质	台	4	新增
Z-6	缺氧池潜水搅拌机	$\Phi = 300$ mm,$n = 740$ r/min,$N = 1.5$ kW,带导流罩,配套提升装置 SUS304 材质	套	4	新增
Z-7	罗茨鼓风机	$Q = 14.6$ m³/min,$P = 53.9$ kPa,$N = 22$ kW(变频),含进出口消声器、12♯槽钢基座、安装附配件、阀门等	台	2	新增,一用一备
Z-8	隔音罩	配套排风扇 $N = 0.37$ kW,用于新增风机	套	2	新增
Z-9	轴流风机	外径 $\Phi400$ mm,$Q = 4000$ m³/h,$P = 150$ Pa,$N = 0.25$ kW	台	7	新增,配套百叶窗
Z-10	PAC 一体化溶药装置	材质 SUS304,厚 2.5 mm、$L \times B \times H = 2.0$ m×1.0 m×1.5 m,SUS316 搅拌机两台,$N = 1.1$ kW×2	套	1	新增(用于高密度沉淀加药)
Z-11	隔膜计量泵(PAC 加药)	$Q = 100$ L/h、$P = 0.6$ MPa、$N = 0.25$ kW	台	2	新增,一用一备
Z-12	PAM 一体化溶药装置	材质 SUS304,$\delta = 2.5$ mm、$L \times B \times H = 2.0$ m×1.0 m×1.5 m,SUS316 搅拌机两台,$N = 1.1$ kW×2,带干粉投加器,$N = 0.25$ kW×2	套	1	新增(用于高密度沉淀加药)
Z-13	隔膜计量泵(PAM 加药)	$Q = 100$ L/h、$P = 0.6$ MPa、$N = 0.25$ kW	台	2	新增,一用一备
Z-14	LX 型电动单梁悬挂桥式起重机	起重量 2 t,运动速度 20 m/min,功率 2×0.8 kW,轨道中心间距 7.5 m,轨道长度 12 m,(配套 CD1 型电动葫芦:主起升电动机功率为 3 kW,运行电动机功率为 0.4 kW,运行速度为 20 m/min,起升速度为 8 m/min,起升高度为 12 m),适用轨道工字钢:45 c,含其他安装附配件	套	1	由厂家提供配电箱

序号	名称	技　术　参　数	单位	数量	备注
Z-15	碳源投加装置	桶体材质 PE，$\Phi 1200$ mm × 1200 mm，SUS316 搅拌机 1 台，$N = 0.37$ kW	套	2	
Z-16	玻璃钢屋顶风机	$Q = 5000$ m³/h，$H = 150$ Pa，$N = 0.37$ kW，叶片直径 DN400	台	2	
三		好氧池（利旧改建）			
Z-1	混合液回流泵（管道泵）	$Q = 125$ m³/h，$H = 10$ m，$N = 5.5$ kW，配套 12♯槽钢座等安装附配件，进出口径 DN100	台	4	新增
Z-2	污泥回流泵（管道泵）	$Q = 62.5$ m³/h，$H = 10$ m，$N = 3$ kW，配套 12♯槽钢座等安装附配件，进出口径 DN80	台	2	新增
Z-3	排泥泵（管道泵）	$Q = 62.5$ m³/h，$H = 10$ m，$N = 3$ kW，配套 12♯槽钢座等安装附配件，进出口径 DN80	台	1	新增，同时作污泥回流泵备用泵
四		二沉池（新建）			
Z-1	中心传动刮泥机	$\Phi 8.0$ m，$N = 0.55$ kW，池深 4.0 m，周边线速度为 2～3 m/min，刮泥机水下部分材质为 SUS304，水上部分材质为热镀锌配套驱动装置，配套工作桥、驱动装置、回转支撑、刮板架、稳流筒、搅拌部件、刮泥板、泥斗刮片、浮渣刮板、集渣槽、水下轴承、中心传动轴、拉杆、紧固件、电控系统等附属设备，带扭矩过载保护功能，电机防护等级 IP65	套	1	新增
五		高密度沉淀池（新建）			
Z-1	快速混合推进式桨叶搅拌机	$\Phi 600$ mm，转速 70～80 r/min，$N = 1.1$ kW，SUS316L 轴长为 2.0 m，水下不锈钢 304 叶片两组，电机防护等级 IP65	套	1	新增
Z-2	慢速混合推进式桨叶搅拌机	$\Phi 800$ mm，转速 20～70 r/min，$N = 1.1$ kW，SUS316L 轴长为 3.50 m，水下不锈钢 304 叶片两组，变频控制，电机防护等级 IP65	套	1	新增
Z-3	中心反应筒	$\Phi 1200$ mm × 4000 mm，SUS304，$\delta = 4$ mm	套	1	新增

续表

序号	名称	技术参数	单位	数量	备注
Z-4	中心传动浓缩刮泥机	$\Phi 3600$ mm，外缘线速≤2 m/min，$N=0.55$ kW，变频调速，SUS316L 轴长为 5.30 m，水下 SUS304 材质，配套驱动装置、中心传动轴、栅条、刮泥板、拉杆、紧固件等附属设备，带扭矩过载保护功能，电机防护等级 IP65，厂家配套提供配电箱（IP65），预留 MODBUS RS48 接口 5 与厂区自控通信	套	1	新增
Z-5	污泥螺杆泵	$Q=12.5$ m³/h，$P=0.6$ MPa，$N=5.5$ kW（变频），电机防护等级 IP65	台	2	新增，互为备用
Z-6	矩形穿孔集水槽	1590 mm×200 mm×400 mm，$\delta=4$ mm，SUS304	套	6	新增
Z-7	一体化消毒剂溶药加药设备	$L\times B\times H=3.0$ m×1.5 m×1.3 m（内分两格），SUS316（3 mm）内衬 PP 板（3 mm），配套 SUS316 搅拌机 2 台，$N=1.5$ kW×2	套	1	新增，成套
Z-8	隔膜计量泵	$Q=150$ L/h，$P=0.5$ MPa，$N=0.37$ kW	台	2	新增，一用一备
Z-9	轴流风机	外径 $\Phi 300$ mm，$Q=3000$ m³/h，$P=150$ Pa，$N=0.37$ kW	套	2	新增，配套百叶窗
六		回用水池（新建）			
Z-1	污水回用泵（潜污泵）	$Q=12$ m³/h，$H=18$ m，$N=2.2$ kW，变频，有效水深 3.5 m，池深 4 m，含导轨、自耦装置、SUS304 提升链条 6 m 等	套	2	一用一备
七		综合房（利旧）			
Z-1	便携式 pH 计	测量范围（0.00～14.00），分辨率0.01，精度±0.01	台	1	新增
Z-2	便携式溶解氧测试仪	测量范围 0～20 mg/L，误差范围±0.1 mg/L，温度范围 0～50 ℃	台	1	新增
Z-3	便携式可燃气、O_2、H_2S、NH_3 测定仪	可燃气 0%～100% LEL、氨气 0～100 ppm、氧气 0%～30% VOL、硫化氢 0～100 ppm、二级声光震动三重报警	台	1	新增
八		脱水加药间（利旧）			
Z-1	隔膜计量泵	$Q=100$ L/h，$P=0.4$ MPa，$N=0.18$ kW	台	3	新增，两用一备，用于 PAM 加药

续表

序号	名称	技　术　参　数	单位	数量	备注
Z-2	PAC 一体化加药桶	桶体 PE 材质，Φ1200 mm×1200 mm，配套 SUS316 搅拌机，$N=0.37$ kW	套	1	新增，脱水机/污泥浓缩池加药
Z-3	隔膜计量泵	$Q=100$ L/h，$P=0.4$ MPa，$N=0.18$ kW	台	3	新增，两用一备，用于 PAC 加药
九		滤布滤池房（预留）			
Z-1	滤布滤池一体化设备	单套处理规模 1500 m³/d，单套最大处理规模 2000 m³/d，外形尺寸：4.7 m×1.5 m×2.7 m，$N=3$ kW，主体外框材质为 4 mm（SUS304），过滤材质为竖片高分子纤维专用滤布，设计进水 SS≤30 mg/L，出水 SS≤10 mg/L，水头损失≤0.2 m，吸洗耗水率≤1%。配套自动反冲洗系统、控制系统及阀门、外部管路、管配件、附材及紧固件等配套系统	套	2	预留，后期根据需要增设
十		出水在线监测室（新建）			
Z-1	轴流风机	外径 Φ300 mm，$Q=3000$ m³/h，$P=150$ Pa，$N=0.37$ kW	套	2	新增，配套百叶窗

表 3.2.27　主要拆除工程量统计表

序号	名称	规格尺寸（$L×B×H$）m	数量	单位	容积（m³）	结构	备注
1	细格栅旋流沉砂池	7.00×1.60×1.60	1	座	17.92	钢砼	配套设备及管道一并拆除
2	带式脱水机	带宽：500 mm	1	套			

表 3.2.28　主要电气工程量统计表

序号	名称	规　格　型　号	单位	数量	备注
一		新建			
1	变压器	S13-M-10/0.4 kV-200 kVA D,yn11	台	1	
2	发电机组	0.4 kV/GF120 kW	台	1	
3	低压系统柜	MNS(800 mm×800 mm×2200 mm)	台	4	
4	配电柜	GGD(800 mm×800 mm×2200 mm)	台	1	
5	配电柜	GGD(600 mm×800 mm×2200 mm)	台	3	
6	配电柜	GGD(600 mm×800 mm×2200 mm)	台	2	

序号	名称	规 格 型 号	单位	数量	备注
7	配电柜	非标室外 304 不锈钢，IP65（600 mm × 400 mm × 1300 mm）	台	1	
8	配电柜	XL-21（600 mm × 400 mm × 1300 mm）	台	1	
9	配电柜	非标（500 mm × 200 mm × 600 mm）室内壁挂式	台	1	
10	照明配电箱	XMR	台	4	
11	检修箱	非标室内型	台	1	
12	就地操作箱	非标室外 304 不锈钢，IP65	台	13	
13	热镀锌盘式桥架	P-01-10-2，200 mm × 100 mm	m	63	
14	庭院灯 IP65	4 m 杆，45 W-LED，4050 lm，4000 K	盏	12	
15	建构筑物照明系统	含灯具、开关插座、管线	批	1	
16	建构筑物防雷接地系统	各种热镀锌型钢	皮	1	
17	电缆沟	700 mm × 700 mm	m	75	
18	电缆沟	400 mm × 400 mm	m	106	
19	封闭母线槽	XL-400A/4	m	9	
20	动力电缆	YJV-0.6/1 kV	批	1	
21	控制电缆	KVV-0.45/0.75 kV	批	1	
22	穿线管	水煤气热镀锌钢管	批	1	
二	拆除				
1	变压器	油变 10/0.4 kV - 125 kVA	台	1	
2	配电柜	GGD（800 mm × 600 mm × 2200 mm）	台	1	
3	发电机	0.4 kV/GF80 kW	台	1	

表 3.2.29 主要自控工程量统计表

序号	名称	型号与规格	单位	数量	备注
1	UPS 不间断电源	3 kVA，AC220 V 进，AC220 V 出，在线式，后备时间 30 min	台	1	配电池组
2	UPS 不间断电源	2 kVA，AC220 V 进，AC220 V 出，在线式，后备时间 30 min	台	1	配电池组
3	PLC 控制柜	$W \times D \times H$（mm）：800 mm × 800 mm × 2200 mm，详见 PLC1、PLC2 柜柜内主要设备材料表	台	2	

续表

序号	名称	型号与规格	单位	数量	备注
4	控制室设备				
4.1	工控机	工控计算机,19 英寸(4U)机架式,双核处理器 2.8 G/4 G/500 G,配键鼠,WINDOWS 操作系统等	套	2	
4.2	显示器	24"LCD	套	2	
4.3	打印机	A4,激光型	台	1	
4.4	监控组态软件	运行版,1024 点	套	1	
4.5	监控组态软件	完整版,1024 点	套	1	
4.6	组态软件	与 PLC 配套,配编程电缆	套	1	配编程电缆
4.7	应用程序	根据工艺要求编制,包括上位机、下位机等编程、调试等	套	1	
4.8	操作台操作椅	喷塑钢制,带座椅	套	1	
4.9	多功能组合插座	8 位,带防雷	台	2	
4.10	通信网线	CAT5 - 4p - STP	m	50	
4.11	交换机	6 个 10/100M 电口,工业级,配电源适配器	台	1	
5	仪表设备				
5.1	超声波液位仪	含变送器及传感器,0~6 m,一体式安装	台	4	
5.2	DO 仪	AC220 V,4~20 mA,0~50 g/L。带 10 m 专用电缆。配仪表箱,防护等级 IP65	台	4	
5.3	磁翻板液位仪	0~1.5 m	台	3	
5.4	电磁流量计	AC220 V, 4 ~ 20 mA,分体式安装,DN150。配仪表箱,防护等级 IP65	台	—	工艺已统计
5.5	pH/T 仪	0~14,AC220 V,4~20 mA。配仪表箱,防护等级 IP65	台	2	
5.6	污泥浓度检测仪	0~50 mg/L,AC220 V,4~20 mA。配仪表箱,防护等级 IP65	台	2	
5.7	SS 仪	0~100 mg/L,AC220 V,4~20 mA。配仪表箱,防护等级 IP65	台	1	
5.8	COD 分析仪	0~500 mg/L	台	1	

序号	名称	型号与规格	单位	数量	备注
5.9	氨氮分析仪	0～20 mg/L	台	1	
5.10	总磷、总氮分析仪	总磷:0～20 mg/L;总氮:0～200 mg/L	台	1	
5.11	水质分析预处理装置	仪表配套	套	1	
5.12	水质自动采样器及采样泵	含自动采样装置	套	1	
5.13	空调	1.5 P,能耗比大于 2.6。具备来电自动复位功能。室内温度保持在 18～28 ℃。能耗比大于 2.6	套	1	
5.14	数据采集传输系统	上传数据至环保局。具备连接有线或无线网络进行数据传输的条件	套	1	
5.15	在线监测室配电箱	详见 Apol 配电箱及主要元件	套	1	
5.16	UPS 不间断电源	3 kVA,AC220 V 进,AC220 V 出,在线式,后备时间为 120 min,配电池组	台	1	
6	视频监控系统	包括硬盘录像机及 20 台摄像机等	套	1	
7	电缆管线				
7.1	多模光纤	通信光纤,4 芯多模	批	1	
7.2	控制电缆	KVVP-5×1.0	批	1	
7.3	控制电缆	KVV-3×1.0	批	1	
7.4	计算机专用电缆	DJYVP-1×2×1.0	批	1	
7.5	电力电缆	YJV-3×2.5	批	1	
7.6	热镀锌钢管	SC20	批	1	

3.2.6 投资估算及运行成本

1. 动力费

根据计算可知,污水处理厂单位耗电量为 0.62 度$/m^3$,电费按 0.85 元$/m^3$ 考虑,单方电费为 0.52 元$/m^3$,总共电耗 1823.69 kW·h,年电费为 56.58 万元。

2. 药剂费

污水处理厂使用的药剂主要为 PAC、PAM、消毒剂。

PAC 药剂费:测算每天 PAC 消耗量为 79.36 kg,单方耗药量为 0.03 kg$/m^3$,则年药剂消耗量为 28.97 t,PAC 价格按 3500 元$/t$ 考虑,单方污水处理费用为 0.09 元$/m^3$,则每年

PAC 药剂费为 10.14 万元。

PAM 药剂费:测算每天 PAM 消耗量为 9 kg,单方耗药量为 0.003 kg/m³,则年药剂消耗量为 3.29 t,PAM 价格按 17000 元/t 考虑,单方污水处理费用为 0.051 元/m³,则每年 PAM 药剂费为 5.59 万元。

消毒剂(漂粉精)药剂费:测算氯酸钠的用量按 0.02 g/m³,每天消毒剂(漂粉精)消耗量为 60.00 kg,单方耗药量为 0.02 kg/m³,则年药剂消耗量为 21.90 t,消毒剂(漂粉精)价格按 7500 元/t 考虑。单方污水处理费用为 0.15 元/m³,则每年氯酸钠药剂费为 16.43 万元。

3. 人工费

该污水处理厂配置 7 人,工资及福利按 50000 元/(年·人)考虑,则年人工费为 35 万元。

4. 自来水费

该污水处理每周生产、生活、绿化冲洗等用水按 2 t/d 考虑,水费按 5.0 元/t 考虑,则厂区年水费为 0.365 万元。

5. 污泥处置费

根据本工艺特点,概算每天产生含水率 99% 的湿污泥量为 90 m³,经脱水后污泥含水率按 80% 考虑,则每天产生脱水后的污泥量为 3.60 m³,污泥处置及运输量为 5.76 t/d,污泥运输及处置费按 150 元/t 估算,则每年的污泥处置费为 31.536 万元。

6. 维保费

大修费按建安工程费用的 2.0% 计算,维保费总计 21.16 万元。

7. 运行成本

根据测算污水处理厂直接运行成本为 1.61 元/m³,年运行费用为 176.78 万元(表 3.2.30)。

表 3.2.30　污水处理厂运行成本表

序号	项目名称	日运行费（元/d）	年运行费（万元/a）	折合吨水运行费（元/m³）	总费用 占比
1	动力费	1550.13	56.58	0.52	32.01%
2	药剂费	880.75	32.15	0.29	18.18%
3	维保费	579.60	21.16	0.19	11.97%
4	人工费	958.90	35.00	0.32	19.80%
5	污泥处置费	864.00	31.54	0.29	17.84%
6	自来水费	10.00	0.37	0.003	0.21%
	合计	4843.39	176.78	1.61	100.00%

图 3.2.10 为总平面布置图。图 3.2.11 为总平面设计效果图。图 3.2.12 为工艺流程图。

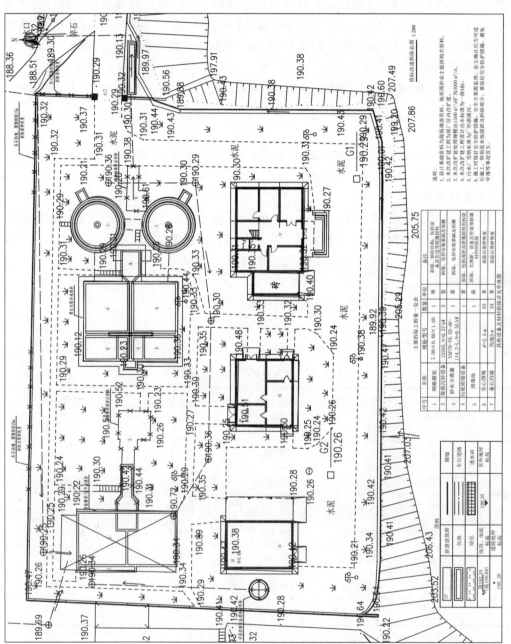

图 3.2.10 总平面布置图

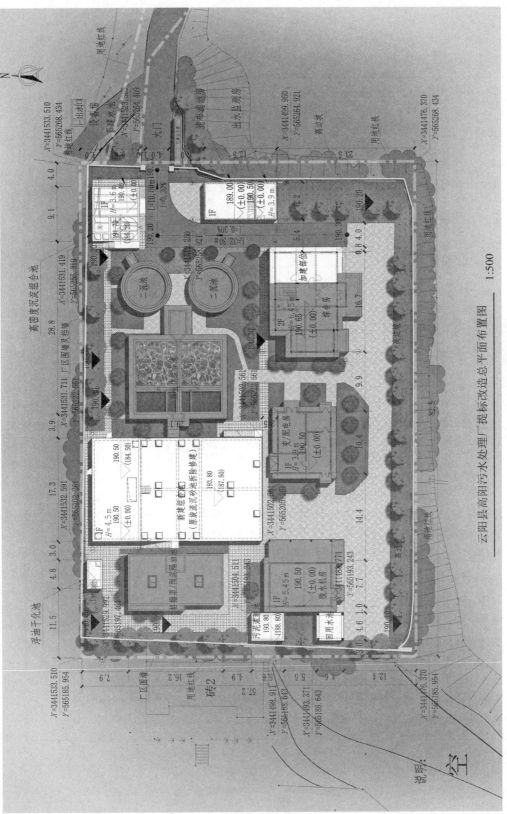

图 3.2.11　总平面设计效果图

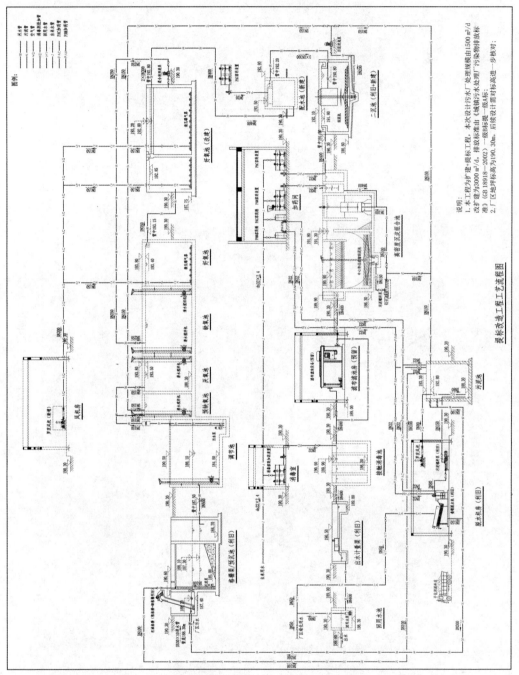

图 3.2.12　工艺流程图

案例 3　某村排水工程——污水处理站案例

3.3.1　工程概况

本项目村距县城 16 km,属中低山区,辖区面积为 74.1 km²,辖 7 个行政村、58 个村民小组、5 所小学、小型水库一座、林地面积 23670 亩①,境内蕴藏丰富的锰、硅、锑、铅、锌、钼、钒等矿产资源,交通十分便利。

本设计村土地主要为耕地和农田,现供水管网已全部覆盖,尚未修建污水管网和污水处理厂,居民污水与雨水散排进入附近的沟渠,并流入水库,水库为饮用水源保护地,库区水域功能为地表水Ⅲ类水体;本次设计的主要内容为村集中居民区污水处理站的设计。

本次设计污水处理站服务对象为本次设计污水干管收集的村内集中居民区生活污水,厂址位于村小学北侧河流进入水库入库处,设计规模为 100 m³/d,污水处理厂设计排放标准为达《城镇污水处理厂污染物排放标准》(GB 18918—2002)一级 A 标后经人工湿地二次处理后接入站外河流,经约 500 m 后进入附近水库。

本项目污水干管共 5 条,总长为 2938.5 m,断面为 de300 圆形 HDPE 双壁波纹管(SN8) 2855 m,D325×8 成品防腐钢管 83.5 m;本次设计不涉及入户支管,入户支管由建设单位同步设计实施。污水管道主要沿道路两侧铺设,接入本村新建污水处理站,污水进入污水处理站处理后达标排放。

3.3.2　设计要求

3.3.2.1　设计规模及进出水指标

1. 设计规模

污水处理厂设计规模为 100 m³/d。

2. 设计进水水质

污水处理厂设计进水水质如表 3.3.1 所示。

表 3.3.1　进水水质表

项目	BOD$_5$(mg/L)	COD$_{Cr}$(mg/L)	SS(mg/L)	TN(mg/L)	NH$_3$-N(mg/L)	TP(mg/L)	pH
指标	180	350	200	60	40	6	6.0~9.0

3. 排放标准

本设计污水处理厂设计排放标准为达《城镇污水处理厂污染物排放标准》(GB 18918—

---

① 1 亩≈666.7 m²。

2002)一级 A 标后经人工湿地二次处理后接入站外河流。排放标准如表 3.3.2 所示。

表 3.3.2 排放标准

项目	COD_{Cr}(mg/L)	BOD_5(mg/L)	TN(mg/L)	NH_3-N(mg/L)	TP(mg/L)	pH
指标	≤50	≤10	≤15	≤5(8)	≤0.5	6.0~9.0
处理程度	≥85.7%	≥94.4%	≥0.75%	≥87.5%(80.0%)	≥91.67%	—

3.3.3 技术及方案论证

本设计案例仅包括施工图设计项目,未单独进行方案设计,本节不详细介绍方案论证比选的内容,按照施工图设计文件进行介绍。

3.3.3.1 设计原则

(1) 严格执行国家环境保护及城市污水治理的政策、法规、标准、规范。

(2) 坚持在环保规划和排水标准的指导下,按照结合实际、因地制宜的原则,改善排水处理质量。保护周边地区的生态环境和饮用水源安全,为区域社会、经济和文化的可持续发展创造必要的基础条件。

(3) 排水管网施工图设计充分结合现场,确保污水的接入和与现有管道的衔接。

(4) 在排水管道断面、平面布置、高程布置上适应功能的需要和接入的可能性、便利性。

(5) 排水管网设计注意技术性与经济性相结合。尊重事实,在满足设计标准的前提下,尽量考虑利用现有管网体系和排水设施,并将其整合以发挥功能。

(6) 设计选材在不断总结科研和工程实践的基础上,既考虑技术发展的趋势,积极推动新技术、新工艺、新材料的应用,同时又兼顾经济投入的合理性。

(7) 不得使用淘汰产品及与国家产业政策不符的材料和产品。

(8) 污水处理选用目前国内较为成熟、可靠、技术先进的处理工艺,确保最终处理效果。

(9) 妥善处理处理过程中产生的栅渣、污泥,避免二次污染。

(10) 在不断总结生产实践和科学实验的基础上,积极采用行之有效的新技术、新工艺、新材料和新设备,节约能源和资源,降低工程造价和运行成本。

(11) 结合污水处理厂服务区域的发展趋势合理选取设计规模,同时预留远期的提标和扩容。

3.3.3.2 水量计算

1. 设计年限

本工程为新建区域永久性市政排水工程设计,同时结合该村远期污水量变化不大,避免重复建设,污水管网和污水处理站工程设计年限按远期(2030 年)进行设计。

2. 排水体制

本工程排水体制采用雨、污水分流制。

3. 污水量计算

根据现场调查,本次设计服务区域内无工业企业,区域内有居民 276 户,户籍人口按每户平均 5 人考虑,则服务区域内户籍人口为 1380 人,村内学生人数为 230 人(小学 180 人、幼儿园 50 人),根据现场调查该村多年人口呈平稳状态,因此远期(2030 年)服务人口按现状人口考虑。

依据《室外给水设计规范》(GB 50013—2006)中对综合生活用水定额的规定,结合该村目前实际用水情况和将来的发展考虑,并参照《关于进一步加强三峡库区及其上游水污染防治规划项目前期工作有关问题的通知》(发改投资[2004]194 号),确定远期(2030 年)服务区域内村内居民单位人口综合用水量为 100 L/(人·d),在校学生综合用水量为 30 L/(人·d);折污系数取值为 0.80,污水收集率为 0.85。

$$Q = \{(n_1 \times q_1) + (n_2 \times q_2)\} \times i \times k$$
$$= \{(1380 \times 0.1) + (230 \times 0.03)\} \times 0.80 \times 0.85$$
$$= 98.5 \text{ m}^3/\text{d}$$

式中,n_1 为服务区域户籍人口。q_1 为居民单位人口综合用水量(100 L/(人·d))。n_2 为在校学生数。q_2 为在校学生综合用水量(30 L/(人·d))。i 为折污系数。k 为污水收集率。

根据上述计算,2030 年污水处理厂服务区域内污水量为 98.5 m³/d,本次污水处理厂设计规模为 100 m³/d,总变化系数取 2.3。

3.3.3.3　工艺流程

污水处理工艺流程图如图 3.3.1 所示。

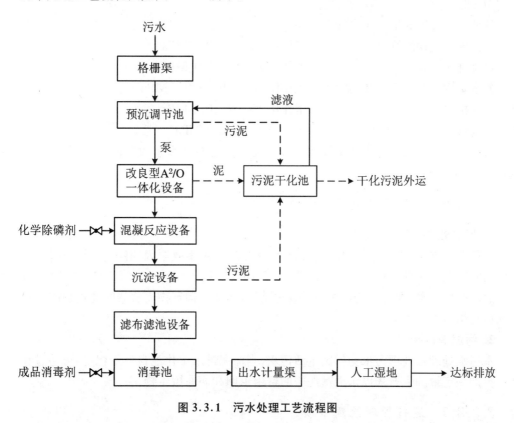

图 3.3.1　污水处理工艺流程图

本污水站设计规模为 100 m³/d,按 24 h 运行设计,每小时污水处理量为 4.2 m³,本次设计分为预处理工段(格栅渠、调节池)、改良型 A^2/O 一体化设备(内分厌氧区、一级缺氧区、一级好氧区、二级缺氧区、二级好氧区、沉淀区)、混凝反应设备、终沉设备、滤布滤池设备、消毒出水渠、人工湿地(两级人工湿地)和污泥干化池。其中格栅渠/预沉调节池/污泥干化池修建为一个组合水池,为了便于滤液回流,污泥干化池修建在调节池之上,改良型 A^2/O 一体化设备、混凝反应设备、终沉设备、滤布滤池设备由设备厂家二次设计,消毒池与出水计量渠组合修建,两级人工湿地为一个组合池。

3.3.3.4 厂内道路绿化

道路边缘采用灌木以绿篱形式栽植,宽为 50 cm。其余部分绿化地为草坪,排水坡度为 0.3%~0.5%,草坪采用播种方式,选用狗牙根或结缕草。

3.3.3.5 水池满水试验及管道试压

1. 水池满水试验

各类构筑物(水池)施工完毕,应进行满水试验。在满水试验中应进行外观检查,做好水位观测记录,不得有漏水现象。

满水试验合格后,方能进行池壁外的各项工序及回填土方。

2. 管道试压

当管道工作压力≥0.1 MPa 时,进行压力管道的强度及严密性试验;当管道工作压力<0.1 MPa 时,进行无压管道严密性试验。

各种工艺管道的工作压力如下(参考):

连接各构筑物的管道	工作压力	<0.1 MPa
自流排泥管及空气管	工作压力	<0.1 MPa
各水泵后的有压管道及污泥管	工作压力	0.1~0.6 MPa
厂区排水管	工作压力	<0.1 MPa
给水管	工作压力	0.4 MPa

管道试验压力及允许渗水量按《给水排水管道工程施工及验收规范》(GB 50268—2008)执行。

3.3.3.6 事故处理及污泥消毒

1. 事故处理措施

按环保要求,厂内不能设置溢流口,当污水处理站因事故原因如停电、设备损坏,运维人员应及时联系有关部门负责人尽快解决厂区事故、恢复厂区运行。当出现事故时调节池作为事故池存放污水,主要构筑物之间设置超越管,当某一构筑物需检修时通过超越管将污水引入后续构筑物处理。

2. 污泥消毒措施

本污水处理站处理污水为村民生活污水,当污泥排水干化池自然干化时,可通过在干化池内投加一定量的生石灰以杀灭污泥中的寄生虫卵和病原微生物。

3.3.3.7 运行管理注意事项

(1) 严格遵守各项操作规范,认真执行安全操作规程。

（2）如实填写运行记录表，不断总结废水处理运行经验，提高操作管理水平。

（3）积极参加业务学习，熟练掌握污水处理工艺流程，供电系统网络图，各种设备设施的构造、性能、工作原理及操作方法等。

（4）爱护各种仪表、仪器、工具用品，坚持文明生产、安全熟练操作，精心维护。

（5）始终坚持"安全第一、预防为主"的安全生产宗旨。

（6）定期对污水处理站主要水质检测点进行取样分析，并做好化验记录，从而指导污水处理站正常、稳定运行。

（7）污水处理站无需专人值守，但需定期安排人巡视，对格栅栅渣进行清理，将污泥排放至干化池。

（8）记录运行状况，不断总结废水处理运行经验，提高操作管理水平。

（9）非操作人员不允许对污水处理站内的阀门开关、控制按钮等进行操作。

3.3.4　工艺设计

3.3.4.1　格栅渠/预沉调节池/污泥干化池设计

功能：格栅渠用于去除进水中的漂浮物和悬浮物，预沉调节池用于预沉淀和调节水质水量，污泥干化池用于污泥的干化脱水。

数量：1 座。结构形式：钢砼结构。

1. 格栅渠

尺寸：$L \times B \times H = 3.5\text{ m} \times 0.6\text{ m} \times 3.0\text{ m}$。数量：1 格。栅前水深：0.5 m。

主要设备及选型：

（1）回转式机械格栅除污机

数量：1 台。规格：渠宽 0.6 m，格栅宽 0.5 m，渠深 3.0 m，栅条间隙 5 mm，集渣口超高 $\geqslant 800$ mm，$N = 0.75$ kW。材质：SUS304。安装倾角：75°。

（2）手推车

数量：1 辆。规格：$V = 0.4\text{ m}^3$。材质：SUS304。

2. 预沉调节池

尺寸：$L \times B \times H = 8.1\text{ m} \times 3.5\text{ m} \times 5.0\text{ m}$。数量：1 格。有效水深：1.6 m。有效容积：39 m³。调节时间：9.2 h。

主要设备及选型如下：

（1）潜污泵（污水泵）

数量：2 台，一用一备。规格：$Q = 4.2\text{ m}^3/\text{h}$，$H = 12$ m，$N = 0.55$ kW。附件：含耦合装置、提升导轨、8 mSUS304 提升链条等附配件。

（2）潜污泵（污泥泵）

数量：2 台，一用一备。规格：$Q = 10\text{ m}^3/\text{h}$，$H = 12$ m，$N = 0.75$ kW。附件：含耦合装置、提升导轨、8 mSUS304 提升链条等附配件。

3. 污泥干化池

尺寸：$L \times B \times H = 3.5\text{ m} \times 1.8\text{ m} \times 1.8\text{ m}$。数量：3 格。

主要设备材料如下：

（1）塑料过滤网

规格：孔径 15 mm。数量：18.9 m²。

（2）塑料过滤网

规格：孔径 10 mm。数量：18.9 m²。

（3）塑料过滤网

规格：孔径 5 mm。数量：18.9 m²。

（4）粗碎石

规格：50～80 mm，厚：200 mm。数量：3.7 m³。

（5）细碎石

规格：20～30 mm，厚：200 mm。数量：3.7 m³。

（6）瓜米石

规格：3～5 mm，厚：100 mm。数量：1.9 m³。

（7）维尼龙纤维布

数量：37.8 m²。

3.3.4.2　一体化设备设计

1. 改良型 A²/O 一体化设备

改良型 A²/O 一体化设备内分厌氧区、一级缺氧区、一级好氧区、二级缺氧区、二级好氧区、沉淀区。

尺寸：$L \times B \times H = 13.0 \text{ m} \times 3.0 \text{ m} \times 3.5 \text{ m}$。

设备材质：设备材质为碳钢，型号为 Q235B 型，外壳主体钢板厚度不小于 12 mm。

主要参数：厌氧区停留时间：HRT≥2 h、一级缺氧区：HRT≥4.5 h、一级好氧区：HRT≥6.5 h、二级缺氧区：HRT≥3 h、二级好氧区停留时间：HRT≥6 h、斜管沉淀区表面负荷：≤0.6 m³/(m²·h)；设备厂家提供主要配套设备：回转式风机（气水比≥8∶1）、硝化液回流泵（管道泵）、污泥回流泵（管道泵）、控制系统。

2. 混凝反应设备

单格尺寸：$L \times B \times H = 2.0 \text{ m} \times 1.0 \text{ m} \times 1.5 \text{ m}$（内分两格）。设备材质：设备材质为碳钢，型号为 Q235B 型，外壳主体钢板厚度不小于 8 mm。混凝反应总停留时间≥30 min。

配套设备及选型如下：

（1）框架式搅拌机

规格：搅拌机尺寸 $H \times B = 900 \text{ mm} \times 600 \text{ mm}$，转速 20～25 r/min，$N = 1.5 \text{ kW}$。数量：1套。

（2）框架式搅拌机

规格：搅拌机尺寸 $H \times B = 900 \text{ mm} \times 600 \text{ mm}$，转速 15～20 r/min，$N = 1.1 \text{ kW}$。数量：1套。

（3）PAC 一体化溶药加药桶

规格型号：$\Phi 0.8 \text{ m} \times 1.0 \text{ m}$，带搅拌机一台和计量泵两台，$N = 0.25 \text{ kW} + 0.25 \text{ kW} \times 2$。

（4）PAM 一体化溶药加药桶

规格型号：$\Phi 0.8\,m \times 1.0\,m$，带搅拌机一台和计量泵两台，$N = 0.25\,kW + 0.25\,kW \times 2$。

（5）成品消毒剂一体化溶药桶

规格型号：$\Phi 0.8\,m \times 1.0\,m$，带搅拌机，$N = 0.25\,kW$。

3．终沉设备

尺寸：$D \times H = \Phi 3.0\,m \times 5.0\,m$。表面负荷：$\leqslant 0.6\,m^3/(m^2 \cdot h)$。

本设备采用碳钢板进行机械焊制，碳钢型号为 Q235B 型或更优碳钢材质，外壳主体钢板厚度不小于 10 mm。

4．滤布滤池设备

滤布滤池设备由设备壳体、驱动装置、过滤组件、反冲洗装置、排泥装置、电气控制箱、管道、阀门等附配件等组成。

设备尺寸：$L \times B \times H = 2.0\,m \times 1.2\,m \times 1.5\,m$。设备主体材质：3 mm 厚的 SUS304。处理规模：$\geqslant 100\,m^3/d$。设计进水水质：$SS = 30\,mg/L$。设计出水水质：$SS \leqslant 8\,mg/L$。滤速：$< 2.0\,m^3/(m^2 \cdot h)$。反洗水耗：$< 1\%$。总装机功率：$N = 1.5\,kW$。运行费用：$\leqslant 0.01\,元/t$。

3.3.4.3　消毒出水计量组合池设计

该组合池由消毒池、出水计量渠组成。

1．消毒池

尺寸：$L \times B \times H = 5.0\,m \times 1.2\,m \times 1.5\,m$。结构形式：钢砼。有效水深：1 m。有效容积：$6\,m^3$。消毒接触时间：1.4 h。

2．出水计量渠

尺寸：$L \times B \times H = 5.0\,m \times 0.6\,m \times 1.5\,m$。结构形式：钢砼。

主要设备：巴氏槽（成品）。

数量：1 套。喉道宽：$b = 25\,mm$。量程：$0.3 \sim 19.4\,m^3/h$。材质：玻璃钢。

注：含超声波明渠流量计。

3.3.4.4　人工湿地设计

污水达到《城镇污水处理厂污染物排放标准》（GB 18918—2002）一级 A 标后经人工湿地进一步处理后排入受纳水体；湿地植物选取美人蕉、风车草、旱伞草、梭鱼草，栽种间距均为 $0.4\,m \times 0.4\,m$。

1．一级人工湿地

单格尺寸：$L \times B \times H = 10.0\,m \times 5.0\,m \times 1.5\,m$。数量：2 格。结构形式：钢砼结构。水力负荷：$1.0\,m^3/(m^2 \cdot d)$。

2．二级人工湿地

单格尺寸：$L \times B \times H = 10.0\,m \times 5.0\,m \times 1.5\,m$。结构形式：钢砼结构。数量：2 格。水力负荷：$1.0\,m^3/(m^2 \cdot d)$。

3.3.4.5　站区附属设施设计

1．综合用房

数量：1 座。结构形式：框架结构。尺寸：$L \times B \times H = 12.9\,m \times 4.8\,m \times 4.5\,m$。

2. 围墙

样式:半高转+栏杆。数量:178 m。

3. 大门

数量:1扇。门宽:4.0 m。形式:304不锈钢格栅大门。

4. 色标

色标如表3.3.3所示。

表3.3.3　色标

设备名称	颜色	色号	备　注
污水处理罐体	艳绿色	G03	包括污水处理罐、污水过滤罐、污水处理一体化设备
污水泵	宝绿色	BG03	
污泥泵	棕黄色	YR06	
鼓风机	淡酞蓝色	PB06	
发电机	淡黄色	Y06	
消防设备	大红	R03	
轻钢棚架钢结构部分	银白色	—	
轻钢棚架屋面瓦部分	中酞蓝色	PB04	
平台	黑色	—	
栏杆	银白色	—	
支架	黑色	—	
电缆桥架线槽	艳绿色	G03	
电缆桥架支架	黑色	—	地面以上1.2 m刷色环
给水管	淡绿色	G02	
雨水管	白色	—	φ110UPVC
污水管	宝绿色	BG03	
污泥管	棕黄色	YR06	
空气管	淡酞蓝色	PB06	
加药管	灰色	PB08	优先选用UPVC
沼气管	铁红色	R01	
线管、线盒	白色	—	
安全阀阀体	大红	R03	
安全阀手轮	大红	R03	
仪表阀阀体	银白色	—	
仪表阀手轮	大红	R03	
其他阀阀体	与管道色环一致	—	
其他阀手轮	大红	R03	

3.3.5　投资估算

本项目土建部分由建设单位施工,设备及安装部分总估算详见表 3.3.4,设备详细估算清单详见表 3.3.4。图 3.3.2 为污水处理站平面布置图。图 3.3.3 为污水处理工艺流程图。

表 3.3.4　工艺设备总估算费用清单

序号	费用类型	单位	数量	价格	金额	备注
一	直接费					
1	格栅/预沉调节池设备	项	1	49000.00	元	
2	改良型 A^2/O 一体化设备	项	1	331500.00	元	
3	混凝反应设备	项	1	65000.00	元	
4	终沉设备	项	1	46000.00	元	
5	纤维束滤布滤池设备	项	1	58000.00	元	
6	出水计量设备	项	1	13500.00	元	
	小计(1~6)			563000.00	元	
二	间接费					
1	二次优化设计费	项	1	0.00	元	免收
2	运输费	项	1	16890.00	元	3%
3	指导安装费	项	1	0.00	元	免收
4	指导调式费	项	1	0.00	元	免收
5	水质检测费	项	1	24000.00	元	
6	运行手册	本	1	0.00	元	免收
7	税金	项	1	18116.70	元	3%
	小计(1~7)			59006.70	元	
三	合计(一+二)			622006.70	元	

本项目折后总价:600000.00 元(大写:陆拾万元整)

表 3.3.5 工艺设备分项费用清单

序号	设备名称	尺寸	规格	材质	单位	数量	估算 单价	估算 总价	备注
一			格栅/预沉调节池设备					49000.00	
1	污水提升泵		$Q=4.2$ m³/h, $H=12$ m, $N=0.55$ kW, 含基座、导轨等附配件,含 8 m 的 SUS304 提升链条一根		台	2	2500.00	5000.00	潜污泵
2	污泥泵		$Q=10$ m³/h, $H=10$ m, $N=0.75$ kW, 含基座、导轨等附配件,含 8 m 的 SUS304 提升链条一根		台	2	3000.00	6000.00	潜污泵
3	回转式机械格栅除污机	$H×B=3$ m×0.6 m	栅条间隙 5 mm,集渣口超高≥800 mm,$N=0.75$ kW,75°安装	SUS304	台	1	36000.00	36000.00	
4	手推渣车		$V=0.4$ m³,$\delta=3$ mm	SUS304	辆	1	2000.00	2000.00	
二			改良型 A²/O 一体化设备					331500.00	
1	改良型 A²/O 一体化设备主体	$L×B×H=13.0$ m× 3.0 m×3.5 m	① 处理规模 100 m³/d ② 采用 Q235B 型碳钢钢板制作,外壳主体钢板厚度不小于 12 mm ③ 防腐要求:碳钢壳体涂装前进行喷砂处理;内防腐采用加强级级的环氧煤沥青涂料外防腐层(三油二布);外防腐采用底漆两道、面漆两道,底漆采用 IPN8710-1,面漆采用 IPN8710-2A(满足规范和施工图要求) ④ HRT≥2 h,一级缺氧区:HRT≥4.5 h,一级好氧区;HRT≥6.5 h,二级缺氧区:HRT≥3 h,二级好氧区停留时间:HRT≥6 h,斜管沉淀区表面负荷:≤ 0.6 m³/(m²·h) ⑤ 其余各指标满足规范和施工图要求	Q235B	套	1	255000.00	255000.00	成套

续表

序号	设备名称	尺寸	规　格	材质	单位	数量	估算		备注
							单价	总价	
2	通长检修孔	$L \times B \times H = 11.8$ m $\times 1.0$ m $\times 0.7$ m	4 mm 厚的碳钢现场组装，含盖板（1 mm 厚的 SUS304）	Q235B	个	1	8000.00	8000.00	
3	生化池填料及支架		$\Phi 200$ mm	醛化维	套	1	5000.00	5000.00	
4	曝气器及支架		$\Phi 215$ mm		套	1	3000.00	3000.00	
5	踏步式钢楼梯		平台用厚度 >4 mm 花纹钢板	Q235B	套	1	11000.00	11000.00	
6	回转式风机		$Q = 0.7$ m³/min，$P = 30$ kPa，$N = 1.5$ kW	FC250 铸铁	台	2	5000.00	10000.00	成套
7	硝化液回流泵（管道泵）		$Q = 8.4$ m³/h，$H = 10$ m，$N = 0.55$ kW	HT200 铸铁	台	2	2500.00	5000.00	
8	污泥回流泵（管道泵）		$Q = 4$ m³/h，$H = 10$ m，$N = 0.55$ kW	HT200 铸铁	台	2	2500.00	5000.00	
9	电气控制柜及控制系统		① IP65 防护等级，内设控制系统及仪表 ② 可实现自动，手动切换，可实现无人值守 ③ 材质:SUS304 ④ 控制系统满足工艺要求 ⑤ 改良型 A²/O 一体化设备与混凝，终沉设备的电控系统集成在一起	SUS304	套	1	25000.00	25000.00	
10	附配件		设备预留法兰，配套法兰，阀门等		套	1	4500.00	4500.00	

续表

序号	设备名称	尺寸	规 格	材质	单位	数量	估算		备注
							单价	总价	
三			混凝反应设备					65000.00	
1	混凝反应设备主体	$L \times B \times H = 2.0$ m $\times 1.0$ m $\times 1.5$ m	①处理规模 100 m³/d ②采用Q235B型碳钢制作，外壳主体钢板厚度不小于8 mm ③混凝反应总停留时间：≥30 min ④防腐要求：碳钢壳体装前进行喷砂处理，内防腐采用加强壳体级的环氧煤沥青涂料外防腐层，构造为"两油一布"；外防腐：采用底漆两道、面漆两道，底漆采用IPN8710-1，面漆采用IPN8710-2A（满足规范和施工图要求）⑤其余各指标满足规范和施工图要求		套	1	14000.00	14000.00	成套
2	框架式搅拌机	$H \times B = 900$ mm $\times 600$ mm	转速为 20~25 r/min, $N = 1.5$ kW	SUS304	套	1	12000.00	12000.00	
3	框架式搅拌机	$H \times B = 900$ mm $\times 600$ mm	转速为 15~20 r/min, $N = 1.1$ kW	SUS304	套	1	11000.00	11000.00	
4	PAC一体化溶药加药桶	$\Phi 0.8$ m $\times 1.0$ m	带搅拌机一台和计量泵两台, $N = 0.25$ kW $+ 0.2$ kW $\times 2$	筒体PE, 搅拌机SUS316	套	1	9000.00	9000.00	
5	PAM一体化溶药加药桶	$\Phi 0.8$ m $\times 1.0$ m	带搅拌机一台和计量泵两台, $N = 0.25$ kW $+ 0.25$ kW $\times 2$	筒体PE, 搅拌机SUS316	套	1	9000.00	9000.00	
6	成品消毒剂一体化溶药桶	$\Phi 0.8$ m $\times 1.0$ m	带搅拌机, $N = 0.25$ kW	筒体PE, 搅拌机SUS316	套	1	7000.00	7000.00	
7	附配件		设备预留法兰、配套法兰、阀门等		套	1	3000.00	3000.00	

续表

序号	设备名称	尺寸	规　格	材质	单位	数量	单价	总价	备注
四	终沉设备							46000.00	
1	终沉设备主体	$\Phi \times H = 3.0\ \text{m} \times 5.0\ \text{m}$	① 处理规模 100 m³/d ② 采用 Q235B 型或更优钢材质碳钢钢板制作，外壳主体钢板厚度不小于 10 mm ③ 结构包括设备壳体、溢流堰板、中心筒、管道、阀门等，表面负荷≤0.6 m³/(m²·h) ④ 防腐要求：碳钢壳体涂装前进行喷砂处理；内防腐采用加强级的环氧煤沥青涂料外防腐，构造为"两油一布"；外防腐：采用底漆两道、面漆两道、底漆采用 IPN8710-1，面漆采用 IPN8710-2A（满足规范和施工图要求） ⑤ 其余各指标满足规范和施工图要求	Q235B	套	1	42000.00	42000.00	成套
2	设备基坑雨水提升泵		$Q = 10\ \text{m}^3/\text{h}$，$H = 10\ \text{m}$，$N = 0.75\ \text{kW}$，含 8 mSUS304 提升链条一根	HT200 铸铁	台	1	2500.00	2500.00	
3	附配件		设备预留法兰、配套法兰、阀门等		套	1	1500.00	1500.00	
五	纤维束滤布滤池设备							58000.00	
1	纤维束滤布滤池设备主体	$L \times B \times H = 2.0\ \text{m} \times 1.2\ \text{m} \times 1.5\ \text{m}$	① 处理规模：100 m³/d ② 主要结构：设备壳体、驱动装置、过滤组件、反冲洗装置、排泥装置、电气控制箱等 ③ 总装机功率：1.5 kW	SUS304	套	1	56000.00	56000.00	成套
2	附配件	管道、阀门等附配件			套	1	2000.00	2000.00	
六	出水计量设备							13500.00	
1	巴氏计量槽		0.3~19.4 m³/h，喉道宽 25 mm，含超声波明渠流量计	FRP	台	1	13500.00	13500.00	
合计								563000.00	

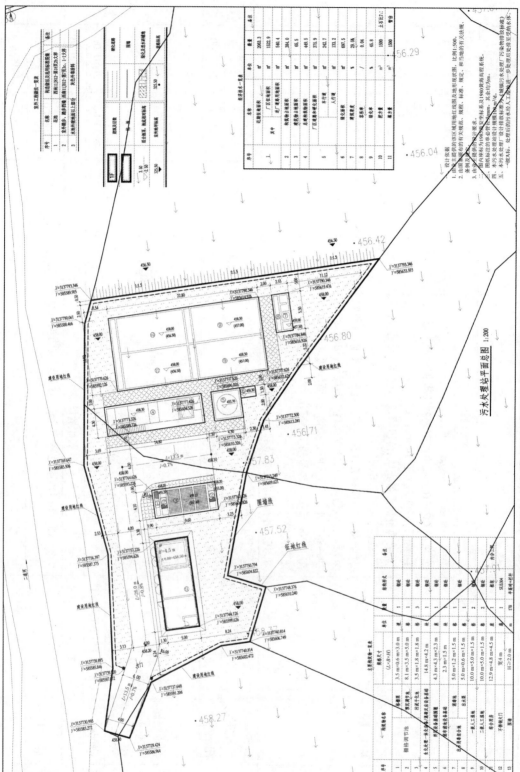

图 3.3.2 污水站平面布置图

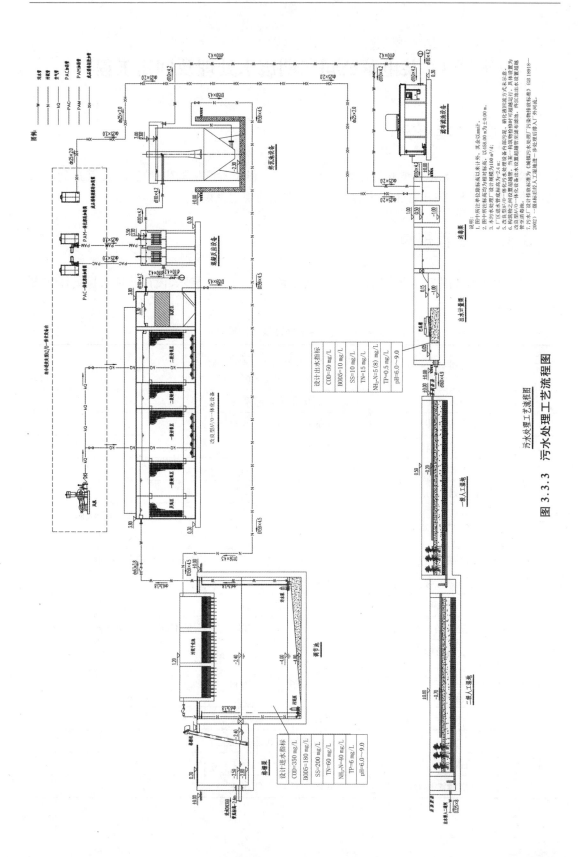

图 3.3.3　污水处理工艺流程图

案例 4 某电脑公司二期废水处理及回用工程

3.4.1 工程概况

本项目主要功能是接纳并处理该企业在生产过程中所产生的生产废水，使其达到国家规定的污水排放标准；工程主要内容为废水处理系统规划及设计。

3.4.2 工程规模

本工程纳污范围为公司二期在生产过程中所产生的生产废水，设计处理水量具体如表3.4.1 所示。

表 3.4.1 污水处理规模计算表

序号	废水(废液)类型	实际废水产水量 （m³/d）	设计处理量 （m³/d）	备　　注
一	无机废水处理系统			
1	无机清洗废水	2069	2400	
2	蚀刻后水洗	60	72	
3	中和废水	2	2	
4	高锰酸钠水洗水	65	78	
5	含金水洗水	8	10	业主负责，树脂吸附后 排入含镍废水
6	预处理后的含镍废水	58	70	车间经镍树脂吸附后的废水
7	车间预处理后含钯废水	65	78	
8	水处理设备再生废水	237	280	
9	废气洗涤塔废水 a	190	221	低 COD 及不含氨氮/总氮废水
10	高锰酸钠当槽废水	1	1	
11	可回收水	756	1000	回用量为 600 m³/d；400 m³/d 浓水排入混合池
12	冷却塔排水	2		
	小计	3513	4212	
二	有机废水处理系统			
1	有机高浓度废水	508	607	
2	有机清洗废水	468	560	

续表

序号	废水(废液)类型	实际废水产水量 (m³/d)	设计处理量 (m³/d)	备　　注
3	化铜后水洗水	63	75	业主负责,经树脂吸附后排入废水站
4	高浓度蓬松剂废水	0.3	1	
5	蓬松后水洗水	2	3	
6	高浓度微蚀废水	123	146	
7	显影去膜废水	220	264	
8	洗槽剂(高 COD 废水)	2	3	
9	黑化线当槽废水	8	10	
10	电解后的高浓度棕化废水及超粗化废水	39	47	
11	电解后的蚀薄铜废水	12	15	
12	浸金线废气塔排水	30	36	
13	DES/PLB 废气塔排水 b	40	48	高 COD 及含氨氮/总氮废水
14	厂区生活污水	100	120	
15	一期酸化后的显影去膜废水	137	137	
	小计	1752.3	2072	
	合计	5265.3	6284	
三			委外处理	
1	含镍废液(硝槽废液)	5		业主自行收集及委外处理
2	高浓度化铜废水	7		业主自行收集及委外处理

3.4.3　设计要求

3.4.3.1　设计进水水质

根据业主提供的一期运行数据并参照同类型企业废水水质数据,设计进水水质如表 3.4.2 所示。

表 3.4.2　设计进水水质表

序号	废水类型	进 水 水 质(mg/L)							
		COD_{Cr}	pH	Cu^{2+}	SS	Ni^{2+}(Pd)	CN^-	TP	NH_3-N (氟化物)
1	含氰废水(浸金线废气塔排水)	≤350	3~5	≤15	≤200	≤0.1	≤1	—	—

序号	废水类型	进 水 水 质(mg/L)							
		COD$_{Cr}$	pH	Cu^{2+}	SS	Ni^{2+}(Pd)	CN$^-$	TP	NH$_3$-N (氟化物)
2	含镍废水	≤150	3～5	≤5	≤200	≤15	—	≤80	—
3	车间预处理后含钯废水	≤150	3～5	—	≤200	—	—	—	—
4	废气洗涤塔废水 a	≤100	3～6	—	≤200	—	—	≤10	(≤15)
5	水处理设备再生水	≤100	7～8	—	≤200	—	—	—	—
6	冷却搭排水	≤100	7～8	—	≤200	—	—	—	—
7	RO回收系统产生的浓水	≤150	7～8	—	≤200	—	—	—	—
8	其他无机清洗废水	≤120	2～4	≤100	≤100	—	—	≤30	≤50
9	高浓度微蚀废水	≤2000	≤0.5	≤12000	≤200	—	—	—	—
10	显影去膜废水	≤15000	10～12	≤300	≤200	—	—	—	≤120
11	化学铜废水	≤150	4～6	≤50	≤100	≤5	≤1	≤15	≤150
12	其他有机废水	≤300	8～10	≤25	≤100	—	—	≤15	≤50
13	废气洗涤塔废水 b	≤300	5～6	—	≤200	—	—	≤30	≤50
14	厂区生活污水	≤250	7～8	—	≤200	—	—	≤5	≤20
15	可回收水 (电导率≤3500 μS/cm)	≤100	3～5	≤100	≤50	—	—	≤5	≤0.5
16	其他高浓度废水	按实际							

注:各种预处理设施土建及设备一次性实施,每天20 h运行。主体设施土建一次性实施,部分设备按二期分步实施。每天按24 h运行,本工程的设计以能满足上述水量处理要求为准。

3.4.3.2 设计出水水质

1. 回用水

1000 m³/d可回收水经预处理后制备成净水,可作为软化水使用,回用水产水量≈600 m³/d(25 ℃时产水量达到30 m³/h为考核标准),回用水出水水质达到《工业用水水质标准》(GB 19923—2005)中数据,该规范具体数据如下:

pH:6～9;COD$_{Cr}$≤20 mg/L;Cu^{2+}≤0.5 mg/L;硬度≤15 mg/L;电导率≤350 μS/cm。

注:回用水土建部分一次性实施,设备部分按二期分步实施。

2. 达标排放水

根据当地环保部门对企业排水的要求,该公司废水经处理后出水水质重金属(铜、镍、氰化物)按《电镀污染物排放标准》(GB 21900—2008)中表3水污染物特别排放限值执行;其他污染物指标按当地污水处理厂的接管标准执行,具体数据如表3.4.3所示。

表 3.4.3　设计出水水质表

序号	污染物	排放标准	标准(设计执行)
1	总铜	≤0.3 mg/L	执行《电镀污染物排放标准》(GB 21900—2008)中表 3 水污染物特别排放限值
2	总镍	≤0.1 mg/L	
3	氰化物	≤0.1 mg/L	
4	pH	6～9	执行当地污水处理厂接管标准
5	悬浮物(SS)	320	
6	化学需氧量(COD)	400	
7	氨氮	35	
8	总氮	40	
9	总磷	7	
10	石油类	3	
11	氟化物	10	

3.4.3.3　污泥处理要求

废水处理过程中,会产生一定量的污泥,本工程所产生的污泥为化学污泥及生物污泥,污泥量(按含水率为 99.4%计)占处理废水量的 20%～30%;污泥具有一定的毒性,且很不稳定,需要及时处理和处置,以达到变害为利、综合利用和保护环境的目的。

3.4.4　技术及方案论证

生产线产生的废水、废液根据污染物性质不同,可分为如下两大类:

第一类:废水达标排放的无机清洗废水、蚀刻后水洗、中和废水、高锰酸钠水洗水、树脂吸附后的含氰废水及含镍废水、高锰酸钠当槽水,预处理后含钯废水、废气洗涤塔废水 a、水处理设备再生废水、中水回用系统产生的浓水、黑化线槽水、高浓度微蚀废水、显影去膜水、化学铜废水、电解后棕化废水、电解后蚀薄铜废水、高浓度蓬松废水、高 COD 废水、浸金线废气塔排水、厂区生活污水、其他有机废水及废气塔废水 b。均处理后达到废水标准后进入当地污水处理厂深度处理。

第二类:可回收废水及冷却塔排水处理后中水回用,可作为软水用或纯水的原水。

3.4.4.1　中水回用系统

1. 预处理

预处理主要是去除水中的有机物、悬浮物胶体、硬度和余氯等,以确保 RO 能正常工作。处理工艺采用反应沉淀系统、砂过滤器及碳过滤器、超滤系统或阻垢系统等降低原水浊度、去除水中硬度等,减少 RO 工作时产生垢物和藻类生长。预处理系统包括反应沉淀系统、过滤器、超滤系统、加药阻垢系统、精密过滤等。

2. 反应沉淀系统

废水经收集后,提升至反应池中,依次加入混凝剂、pH 调整剂及絮凝剂,将废水中的铜离子等可沉物质去除。

3. 过滤器

过滤器中添加石英砂滤料及活性炭滤料(图3.4.1)。主要去除水中的悬浮物及吸附部分的有机物、胶体微粒、微生物,从而净化水质。

图 3.4.1 过滤器

过滤器主要技术参数:

工作压力:0.05~0.8 MPa。工作温度:5~40 ℃(特殊温度可定做)。单机流量:0.5~80 m³/h。操作方式:手动或自动控制。过滤速度:8~12 m/h。简体材质:Q235衬胶。

4. 超滤系统

超滤原理:超滤膜分离技术是一种广泛应用于溶液和气体物质分离、浓缩和提纯的分离技术。它利用具有选择透过能力的薄膜作分离介质,膜壁密布微孔,原液在一定压力下通过膜的一侧,溶剂及小分子溶质透过膜壁为滤出液,而较大分子的溶质被膜截留,从而达到物质分离及浓缩的目的。膜分离过程为动态过滤过程,大分子溶质被膜壁阻隔,随浓缩液流出膜组件,膜不易被堵塞,可连续长期使用。过滤过程可在常温、低压下运行,无相态变化,高效节能。超滤装置如图3.4.2所示。

5. 阻垢剂投加装置

由于反渗透膜脱盐装置为溶解固形浓缩排放和充分利用淡水,根据原水水质分析报告,为了防止浓水端,特别是RO压力容器中最后一根膜元件的浓水侧出现诸如$CaCO_3$、$CaSO_4$浓度积大于其平衡溶解度指数而结晶析出,从而损坏膜元件的应用特性,因此在进入膜元件之前设置了阻垢剂投加装置。该装置由计算箱、计量泵组成,阻垢剂是一种有机物化合物质,除了能在朗格利尔指数(LSI)为 2.8 的情况下运行之外,还能阻止 SO_4^{2-} 的结垢,它的主要作用是相对增加水中结垢物质的溶解性,以防止碳酸钙、硫酸钙等物质对膜的阻碍,同时它也可以降低铁离子堵塞膜的微孔。

图 3.4.2 超滤装置

6. 50 μm/5 μm 保安过滤器

50 μm/5 μm 保安过滤器设置的主要目的是截留因多介质过滤器未能去除的大颗粒物、胶体、悬浮物。本方案中反渗透装置配置一套通过能力为 25 m^3/h(按一期)的 50 μm/5 μm 保安过滤器,以防止大颗粒物进入高压泵及反渗透膜。保安过滤器的外壳采用不锈钢,内装精度为 5 μm 滤袋。在正常工作情况下,滤袋可维持 1 个月左右的使用寿命,当大于设定的压差(通常为 0.07~0.1 MPa)时应当更换。

7. 回用水处理

回用水处理主要是除盐,脱盐率可达 98%,保证后级使用点的水质要求。

系统主脱盐处理工艺采用成熟稳定的 RO 系统膜分离法。RO 系统主要是把含盐水加压通过 RO 膜来实现水分子与盐分子的分离,从而得到纯净的水,达到脱盐的效果。反渗透系统主要可以去除水中溶解盐类、有机物、二氧化硅胶体、大分子物质及预处理未去除的颗粒等。

本系统设计采用 RO 膜,运行更加稳定,维护费用更低,使用寿命更长。本方案中设计总提供膜数量:24 只(考虑冬天气温比较低,故适当增加膜的数量),排列方式:4∶2;四芯一组,单级二段。产水量:15 m^3/h;回收率:60% 以上;脱盐率:95%。

当系统长期运行后,一些杂质会沉积在 RO 膜表面,需要对 RO 系统进行化学清洗,所以本方案设计设置一套化学清洗系统。此系统由一个清洗药箱、一台不锈钢清洗泵、一个 5 μm 过滤器、一组仪表及连接管件组成,当膜组件长期运行受到污染时,可以用它进行 RO 系统的停机化学清洗,以恢复膜的使用性能,延长膜使用寿命。

RO 反渗透设备(图 3.4.3)的特点:

(1) 采用双级 RO 反渗透,使出水各项指标及 pH 达标且稳定;

（2）整套处理系统采用全自动微电脑 PLC 远程控器控制,解决操作使用麻烦之弊;

（3）二级反渗透浓缩水回流到原水箱提高了回收率,节省了自来水成本;

（4）RO 系统开机之前先进行电动慢开式清洗,避免水锤造成 RO 膜破裂;

（5）高压泵均设置高压调节阀,控制出口流量及压力;

（6）高压泵进出口均安装高低压开关保护,来保护高压泵损耗,当人为关闭废水调节阀时,冲洗电动阀自动打开,避免 RO 造成无法挽回的损失;

（7）每段膜系统均可采用取样阀,可分段检测压力、产水水质;

（8）快速冲洗阀门定时冲洗膜表面,降低污染速度;

（9）产水、浓水各处有流量计以监视并调节运行出水量及系统回收率;

（10）低压开关保护高压泵不会因供水停止而损坏;

（11）进水及排水压力表,连续监测反渗膜的压差,提示何时需要清洗;

（12）产水电导率表连续监视产水水质,水质超标报警功能;

（13）自动进水电动阀以避免停机时水继续流入;

（14）进水电导率表控制回用水流量。

图 3.4.3　RO 反渗透设备

3.4.4.2　废水达标排放系统

（1）浸金线废气塔排水处理系统及车间外预处理后的化铜废水处理系统

浸金线废水塔排水收集至调匀池 201,车间外预处理后的化铜废水收集至调匀池 T301。分别利用提升泵提升至二级破氰工艺进行预处理。泵至氧化池 T202,在氧化槽 T202 中加入液碱和次氯酸钠,调节废水至适宜 pH 后进行一级氧化处理,使废水中 CN^- 氧化为低毒性氰酸盐（CNO^-）;一级氧化出水进入氧化槽 T203,在氧化槽 T203 内加入硫酸和次氯酸钠,调节至适宜 pH 后进行二级氧化破氰,使低毒性氰酸盐完全氧化为 N_2 和 CO_2,从而彻底将氰破除。

破氰预处理后废水排至有机废水处理系统中,进行后续处理。

（2）显影去膜废水、微蚀废水

显影去膜废水需要进行酸化处理，故利用微蚀废水为酸进行酸化，当微蚀废水量不能满足酸化要求时，补充加入硫酸。这样既节省了酸的用量，又利用废的微蚀废水，减少委外费用。酸化后会有大量的酸渣上浮结块，需要人工进行清理。酸化池有两座，交替使用，上清液利用泵打入反应池 TL303，加液碱回调 pH，再加入硫酸亚铁/PAM，使之形成大的颗粒沉淀池（氢氧化铜），经酸化沉淀池沉淀去除铜离子污泥物。经上述处理后的废水排入有机废水处理系统。

（3）预处理后显影去膜废水及微蚀废水与废气洗涤塔废水 b、厂区生活污水及其他有机废水混合处理系统

有机废水先进入反应沉淀系统（称碱性沉淀）进行预处理。由于该废水中存在金属离子 Cu^{2+} 及可沉污染物，而废水金属浓度偏高会导致后序生化系统微生物的中毒，影响整个处理系统的稳定及处理效果。故反应沉淀池的设置是很有必要的。在初级反应沉淀中依次加入混凝剂硫酸亚铁、重捕剂及 pH 调整剂液碱，调整废水的 pH 在最佳点，再加入适当的絮凝剂 PAM，使金属离子生成氢氧化物沉淀去除。减轻后序处理设施的负荷，并可保证后序设施的稳定运行（化学反应：$Cu^{2+} + 2OH^- \Longrightarrow Cu(OH)_2 \downarrow$）。

由于该废水中污染物除了 COD_{Cr} 外，还含有氨氮、总氮、总磷等污染物。结合同类型企业及我司长期实践经验可知，采用厌氧水解酸化-缺氧-活性污泥法工艺进行处理，同时达到提高生化、脱氮的效果。由于 PCB 废水生化性能较差，为提高生化效果，进行补充增加营养盐，调配废水中的 B/C 比，提高其可生化性能。

在 A/O 系统中进行氨化反应、硝化反应及反硝化反应。氨化反应是在氨化菌的作用下，有机氮化合物分解，转化为氨态氮。硝化反应是在硝化菌的作用下，氨态氮分两个阶段进一步分解、氧化。首先在亚硝化菌的作用下，氨转化为亚硝酸氮，随之，亚硝酸氮在硝化菌的作用下，进一步转化为硝酸氮。反硝化反应是在反硝化菌的代谢活动下，NO_3-N 有两个转化途径：同化反硝化，最终产物为有机氮化合物，成为菌体的组成部分；异化反硝化，最终产物为气态氮。从而使废水中的氨氮、总氮大大降低，达到去除的目的。为更好地控制缺氧池处理效果，在缺氧池中设有潜水搅拌设备，在设施运行期间，根据实际情况可以进行适当的搅拌，以防止池中污泥沉积给总体处理效果带来副作用。

活性污泥处理主要是利用生活在污水中的好氧细菌氧化分解污水中的有机污染物，最终将有机污染物分解为水、二氧化碳以及氮氧化合物，达到污水净化的目的。

根据实际运行经验可知，该活性污泥法具有以下特点：抗冲击负荷能力强，对 pH 和有毒物质具有一定的缓冲作用；剩余污泥量少，不存在污泥膨胀问题，安装及维修方便，运行管理简便。

（4）无机废水处理系统

收集预处理后的含氰废水及含镍废水及含钯废水、废气洗涤塔废水 a、水处理设备再生废水、无机清洗废水、蚀刻后水洗水、中和废水、高锰酸钠水洗水及高锰酸钠当槽水及冷却塔排水。利用泵提升至反应池 T602，在反应池 T602 中依次加入混凝剂硫酸亚铁、pH 调整剂液碱，调整废水的 pH 在最佳点，再加入适当的絮凝剂，使之废水中铜离子及络合铜生成硫化铜/氢氧化铜沉淀去除。

（5）预处理后有机废水与无机废水混合处理系统

混合废水采用反应沉淀池处理系统。末端进行加药沉淀,保证废水中铜离子达标。在排放口设置在线监测仪,若水质不达标可回至应急水池。达标即可排入一期出水口。

(6) 污泥处理系统

本系统污泥为含铜污泥(含有生化污泥),经高压隔膜脱水机压滤后,委外处置(图3.4.4)。

3.4.5 工艺设计

3.4.5.1 中水回用系统

1. 调匀池 T101

设计规模:1000 m^3/d(50 m^3/h)。有效容积:500 m^3。材质:R.C. + FRP。尺寸:14.5 m×12 m×4 m。停留时间:12 h。

附件:

(1) 耐酸碱泵,g-35-65(2 P,3.7 kW,SUS304),2台(一用一备,二期增加1台)。

(2) 液位控制仪,1套。

(3) 布气系统,1套。

(4) 引水桶(PP),2只。

(5) 电磁流量计,1套。

功能说明:收集并存贮可回收废水及冷却塔排水,以调匀水质,防止高峰负荷产生,并利用泵提升至后续处理单元进行处理。

2. 加药反应池 T102

设计规模:50 m^3/h。有效容积:60 m^3。材质:R.C. + FRP。尺寸:6.75 m×3 m×4 m。停留时间:1.2 h。

附件:

(1) pH 自动控制仪,PC-350,1台。

(2) 液碱计量加药泵 AHA41,1台(二期增加1台)。

(3) 硫酸亚铁计量加药泵 AHA41,1台(二期增加1台)。

(4) PAM 计量加药泵 AHA41,1台(二期增加1台)。

(5) 机械搅拌机 3 kW,2套。

(6) 机械搅拌机 1.5 kW,1套。

功能说明:作为沉淀的前置处理,废水中的污染物通过一系列反应后形成絮状沉淀物经沉淀去除。

3. 物化沉淀池 T103

设计规模:50 m^3/h。有效容积:200 m^3。材质:R.C. + FRP。尺寸:12 m×11.5 m×5.8 m。表面负荷:0.60 m^3/(m^2 · h)。停留时间:4 h。

附件:

(1) 中心刮泥机 Cg-11.5C,1台。

(2) 出水波水堰(SUS304),1套。

(3) 进水稳流筒(SUS304),1套。

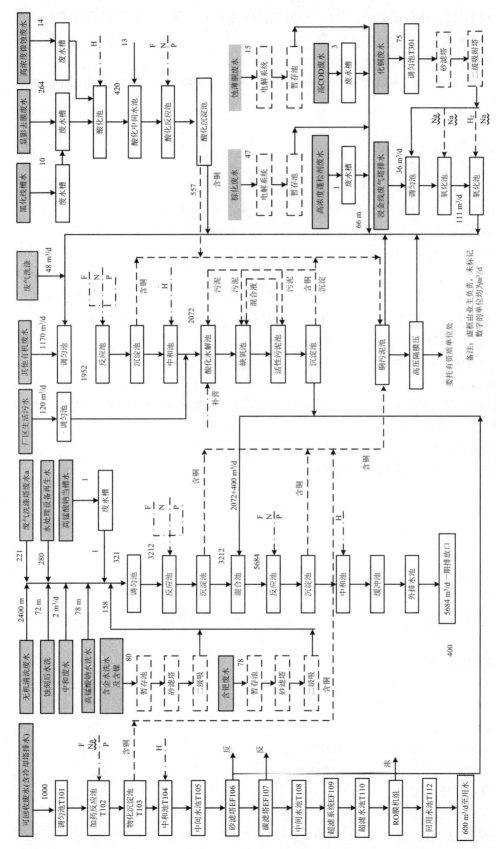

图 3.4.4 污泥处理系统

功能说明:经反应后产生的污泥沉降处,沉降下来的污泥入污泥浓缩池等待进行污泥处理。

4. 中和池 T104

设计规模:50 m³/h。有效容积:16.7 m³。材质:R.C. + FRP。尺寸:3 m×2.25 m×4 m。停留时间:20 min。

附件:

(1) pH 自动控制仪,PC-350,1 台。

(2) 硫酸计量加药泵,AHA41,1 台(二期增加 1 台)。

(3) 机械搅拌机 3 kW,1 套。

功能说明:加入硫酸调整废水的 pH 至中性,以便其符合回收处理。

5. 中间水池 T105

设计规模:50 m³/h。有效容积:60 m³。材质:R.C. + FRP。尺寸:7.25 m×3 m×4 m。停留时间:1.2 h。

附件:

(1) 耐酸碱泵,g-35-65(2 P,3.7 kW,SUS304)2 台(一用一备,二期增加 1 台)。

(2) 投入式液位计,1 套。

(3) 引水桶(2 P),2 台。

(4) 电导仪,1 套。

功能说明:为收集并存贮加药沉淀后的上清液,以调匀水质,防止高峰负荷产生,并利用泵提升至后续处理单元进行处理。

6. 砂滤塔 EF106

设计规模:50 m³/h,分两期,每期按 25 m³/h。材质:碳钢衬胶。尺寸:Φ1.8 m,1 台(二期增加 1 台)。

附件:

(1) 水处理精致石英砂,1 套(二期增加 1 套)。

(2) 气动阀控制系统,1 套(二期增加 1 套)。

(3) 反洗系统,1 套。

(4) 气洗系统,1 套。

功能说明:去除前道处理中未去除的悬浮颗粒,进一步改善废水水质,以确保后道膜系统能正常工作。

7. 碳滤塔 EF107

设计规模:50 m³/h,分两期,每期按 25 m³/h。材质:碳钢衬胶。尺寸:Φ1.8 m,1 台(二期增加 1 台)。

附件:

(1) 专用活性炭滤料,1 套(二期增加 1 套)。

(2) 气动阀控制系统,1 套(二期增加 1 套)。

(3) 反洗系统,1 套。

(4) 气洗系统,1 套。

功能说明:去除前道处理中未去除的有机污染物,进一步改善废水水质,以确保后道膜系统能正常工作。

8．中间水池 T108

设计规模：50 m³/h。有效容积：60 m³。材质：R.C.＋FRP。尺寸：7.25 m×3 m×4 m。停留时间：1.2 h。

附件：

(1) 耐酸碱泵，g-35-65(2 P,3.7 kW,SUS304)2 台(一用一备，二期增加 1 台)。

(2) 投入式液位计，1 套。

(3) 引水桶(2 P),2 台

功能说明：为收集并存贮过滤器，以调匀水质，防止高峰负荷产生，并利用泵提升至后续处理单元进行处理。

9．杀菌剂加药装置

设计规模：50 m³/h，分两期，每期按 25 m³/h。

附件：计量加药泵及药箱，1 套(二期增加 1 套)。

功能说明：因为废水中可能含有大量的微生物，为避免其在后续净化设备中沉积造成设备特别是膜元件的有机污染，配置杀菌加药装置，在超滤净化设备反冲洗时加入杀菌剂进行灭菌处理，避免了超滤(UF)膜内部的微生物污染，保证膜的使用性能和使用寿命。

10．保安过滤器

设计规模：50 m³/h，分两期，每期按 25 m³/h。过滤孔径：50 μm。外壳材质：SS304。工作压力：0.07~0.1 MPa。数量：1 套(二期增加 1 套)。

功能说明：设一道 50 μm 的滤袋式保安过滤器，以防止大颗粒物进入超滤系统，造成滤膜的机械损伤。

11．超滤系统 EF109

设计进水量：50 m³/h。设计产水量：50 m³/h，分两期，每期按 25 m³/h。型号：DFUF-25 1 组(二期增加 1 组)。回收率：85%~95%。

主要配置：

(1) 膜组件。

UF 膜。型号：8 寸或 9 寸。膜数量：14 支(二期增加 14 支)。

(2) 气动阀控制组：1 套(二期增加 1 套)。

(3) 产水及浓水流量计：1 套(二期增加 1 套)。

(4) 反洗装置。

附件：

(1) 反洗泵，g-37-80(4 P,5.5 kW),SUS304 材质，1 台。

(2) 液位控制仪，1 套。

(3) 保安过滤器，50 T/H，精度为 5 μm,SUS304 材质，1 套。

(4) 气洗装置，1 套。

12．超滤水池 T110

设计规模：50 m³/h。有效容积：60 m³。材质：R.C.＋FRP。尺寸：7.25 m×3 m×4 m。停留时间：1.2 h。

附件：

（1）膜分离泵，g-35-65(2 P,3.7 kW,SUS304)2 台（一用一备,二期增加 1 台）。

（2）投入式液位计,1 套。

（3）引水桶(PP),2 台。

（4）电导仪,1 套。

功能说明:收集上道超滤系统产生的清水,以便提升至后道处理系统。

13. 保安过滤器

设计规模:50 m³/h,分二期,每期按 25 m³/h。过滤孔径:5 μm。外壳材质:SUS304。工作压力:0.07~0.1 MPa。数量:1 套（二期增加 1 套）。

功能说明:设一道 5 μm 的保安过滤器,截留因二次污染导致水箱中出现的大颗粒物、胶体、悬浮物。

14. 还原、阻垢剂加药装置

设计规模:50 m³/h,分两期,每期按 25 m³/h。

附件:计量加药泵及药箱,2 套（二期增加 2 套）。

功能说明:还原上道加入的剩余杀菌剂并防止后道纳滤膜结垢,保证膜的使用性能和使用寿命。

15. 膜分离系统

净水产量:30 m³/h,分两期,每期按 15 m³/h。型号:DFRO-15,1 组（二期增加 1 组）。回收率:60%。脱盐率:95%。

主要配置:

（1）膜组件。

分离膜:海德能。膜数量:24 支（二期增加 24 支）。排列方式:四芯一组。膜壳材质:FRP。外壳规格:四支装。外壳数量:6 支（二期增加 6 支）。

（2）高压水泵:1 台（二期增加 1 台）。

型号:CDM32-90-2。流量:25 m³/hr。功率:18.5 kW。变频器:18.5 kW,1 台（二期增加 1 台）。

（3）电动阀门,1 只（二期增加 1 台）。

（4）产水在线流量计:1 台（二期增加 1 台）。

（5）在线电导仪:1 台（二期增加 1 台）。

（6）液位控制仪:1 套。

功能说明:废水脱盐。由 1 台增压泵和 1 套膜分离组件构成。

注:分离膜的透过水量受温度影响较大,根据膜供应商设计导则中说明,当温度每下降 1 ℃,膜通量约下降 2.7%。为保证正常生产需要,在冬季需通过热交换器调节温度或增加膜数量的方法来保证冬季用水量的需要。如业主用水方式为间歇式,为节省投资成本,也可不考虑温度影响,按照标准温度进行设计。本方案设计按照 25 ℃标准温度时的配置进行报价。

16. 回用水池 T112

设计规模:30 m³/h。有效容积:60 m³。材质:R.C. + FRP。尺寸:7.25 m×3 m×4 m。停留时间:2 h。

附件:无。

功能说明:收集上道净化系统产生的净水,配备回用水泵进行车间回用由业主自理。

17. 4UF/RO 化学清洗系统

(1) UF/RO 药洗泵:1 台。型号:g-35-65(1)(4 P,3.7 kW)。流量:25 m³/h。材质:SUS304。

(2) 分离膜清洗过滤器:1 台。

规格:25 m³/(h·台)。材质:SUS304。

(3) 清洗液箱:2 只。

型号:1000 L(底部锥形)。材质:PE。

功能说明:配备一套 UF、分离化学清洗系统,此系统由一个清洗药箱,一台不锈钢清洗泵、一个 5 μm 过滤器及连接管件组成,当膜组件受污染时,可以用它进行 UF、RO 系统的化学清洗。清洗方式为脉冲清洗,利用清洗液和水压的变化来彻底去除膜表面的污垢和污染物。

3.4.5.2　废水达标处理系统

1. 调匀池 T201

设计规模:111 m³/d。有效容积:55.5 m³。材质:R. C. + FRP。尺寸:5.25 m×4.5 m×4 m。停留时间:12 h。

附件:

(1) 浮球式液位计,1 套。

(2) 耐酸碱泵,KB-40022L,2 台。

(3) 电磁流量计,1 套。

(4) 引水桶(PP),2 套。

功能说明:收集浸金线废气塔排水及预处理后的化铜废水,以调匀水质,防止高峰负荷产生,并利用泵提升至后续处理单元进行处理。

2. 氧化池 T202

设计规模:6 m³/h。有效容积:24 m³。材质:R. C. + FRP。尺寸:3.625 m×3 m×3.5 m。停留时间:4 h。

附件:

(1) ORP 电位控制仪,PC-350,1 台。

(2) pH 自动控制仪,PC-350,1 台。

(3) 液碱计量加药机,BX-50,1 台。

(4) 次氯酸钠计量加药机,BX-50,1 台。

(5) 机械搅拌机 3 kW,1 台。

功能说明:将废水中的氰加以氧化,生成氰酸盐,以利于下道处理。因进水中的干扰物质较多,且氰化物含量不稳定,因此足够的停留时间及加药量是非常重要的。

3. 氧化池 T203

设计规模:6 m³/h。有效容积:24 m³。材质:R. C. + FRP。尺寸:3.625 m×3 m×3.5 m。停留时间:4 h。

附件:

(1) ORP 电位控制仪,PC-350,1 台。

(2) pH 自动控制仪,PC-350,1 台。

(3) 硫酸计量加药机,BX-50,1 台。

(4) 次氯酸钠计量加药机,BX-50,1 台。

(5) 机械搅拌机,3 kW,1 台。

功能说明:将经上道氧化后的氰酸盐加以氧化,生成无毒的二氧化碳、氮气及水。因进水中的干扰物质较多,且氰化物含量不稳定,因此足够的停留时间及加药量是非常重要的。

4. 调匀池 T301

设计规模:75 m^3/d。有效容积:37.5 m^3。材质:R. C. + FRP。尺寸:5.25 m×2.75 m×4 m。停留时间:12 h。

附件:

(1) 浮球式液位计,1 套。

(2) 提升泵,2 台。

(3) 转子流量计,UPVC,1 套。

(4) 引水桶(PP),2 套。

功能说明:收集并贮存化学铜废水,以调匀水质,防止高峰负荷产生,并利用泵提升至后续处理单元进行处理。

注:化铜废水预处理砂滤塔及二级吸附塔由业主负责。

5. 黑化线槽水槽 TL101

设计规模:10 m^3/d。有效容积:15 m^3。材质:FRP 槽。尺寸:Φ2.2 m×4.15 m。

附件:

(1) 浮球式液位计,1 套。

(2) 耐酸碱泵,KB-40012L,2 台。

(3) 转子流量计,UPVC,1 套。

功能说明:收集黑化线槽水,以调匀水质,防止高峰负荷产生,并利用泵提升至后续处理单元进行处理。

6. 高浓度微蚀废水槽 TL201

设计规模:146 m^3/d。有效容积:73 m^3。材质:R. C. + FRP。尺寸:7.25 m×3.25 m×4 m。

附件:

(1) 浮球式液位计,1 套。

(2) 耐酸碱泵,KB-40022L,2 台。

(3) 转子流量计,UPVC,1 套。

(4) 引水桶(PP),2 套。

功能说明:收集高浓度微蚀废水,以调匀水质,防止高峰负荷产生,并利用泵提升至后续处理单元进行处理。

7. 显影去膜废水池 TL301

设计规模:264 m^3/d。有效容积:132 m^3。材质:R. C. + FRP。尺寸:7.25 m×5.25 m×4 m。停留时间:12 h。

附件：

（1）浮球式液位计，1 套。

（2）耐酸碱泵，2″PP 泵，2 台。

（3）电磁流量计，1 套。

功能说明：收集显影去膜废水，以调匀水质，防止高峰负荷产生，并利用泵提升至后续处理单元进行处理。

8. 酸化池 TL302A/B

设计规模：420 m^3/d。有效容积：180 m^3。材质：R. C. + FRP。尺寸：5.25 m×4.25 m×5 m，两座，轮换使用，批式处理。

附件：

（1）空气搅拌器，UPVC，2 套。

（2）硫酸加药泵，2 台。

（3）pH 控制仪，2 套。

（4）机械搅拌机，5.5 kW，2 台。

（5）耐酸碱泵，2 台。

功能说明：在池中加入微蚀废水、补充加硫酸进行酸化处理。

9. 酸化中间水池 TL303

设计规模：557 m^3/d。有效容积：278.5 m^3。材质：R. C. + FRP。尺寸：12 m×7.25 m×4 m。

附件：

（1）空气搅拌器，UPVC，1 套。

（2）耐酸碱泵，2 台。

（3）转子流量计，1 套。

功能说明：收集一、二期酸化后的显影去膜废水。稳定水质，利用泵提升至后续处理设施进行处理。

10. 酸化反应池 TL304

设计规模：27.85 m^3/h。有效容积：27.85 m^3。材质：R. C. + FRP。尺寸：8.5 m×2 m×3.5 m。停留时间：1 h。

附件：

（1）pH 自动控制仪，PC-350，1 台。

（2）液碱计量加药泵，1 台。

（3）硫酸亚铁加药泵，AHA41，1 台。

（4）PAM 计量加药泵，AHA41，1 台。

（5）机械搅拌机，2.2 kW，3 套。

（6）机械搅拌机，1.5 kW，1 套。

功能说明：加入液碱、适量高分子絮凝剂 PAM，使上道酸化池中生成的可沉淀颗粒物进一步凝聚成大颗粒絮凝物，便于后道沉淀去除。

11. 酸化沉淀池 TL305

设计规模：27.85 m^3/h。有效容积：111.4 m^3。材质：R. C. + FRP。尺寸：7.25 m×6 m×

5 m。表面负荷:0.7 m³/(m²·h)。停留时间:4 h。

附件:

(1) 刮泥机 6 m,水下 SUS304,1 套。

(2) 进水稳流筒(SUS304),1 套。

(3) 出水波水堰(SUS304),1 套。

(4) 排泥泵,2 台。

功能说明:经反应后产生的污泥沉降处,沉降下来的污泥入污泥浓缩池等待进行污泥处理。

12. 高浓度蓬松剂废水槽 TL401

设计规模:1 m³/d。有效容积:5 m³。材质:SUS316。尺寸:1.8 m×1.8 m×1.8 m。

附件:

(1) 浮球式液位计,1 套。

(2) 耐酸碱泵,KB-40012L,2 台。

(3) 转子流量计,UPVC,1 套。

功能说明:收集高浓度蓬松剂废水,以调匀水质,防止高峰负荷产生,并利用泵滴加至后续处理单元进行处理。

13. 高 COD 废水槽 TL501

设计规模:3 m³/d。有效容积:5 m³。材质:FRP 槽。尺寸:Φ1.6 m×2.65 m。

附件:

(1) 浮球式液位计,1 套。

(2) 耐酸碱泵,KB-40012L,2 台。

(3) 转子流量计,UPVC,1 套。

功能说明:收集高 COD 废水,以调匀水质,防止高峰负荷产生,并利用泵滴加至后续处理单元进行处理。

14. 调匀池 T401

设计规模:120 m³/d。有效容积:60 m³。材质:R.C.结构。尺寸:5.25 m×4.5 m×4 mm。

附件:

(1) 浮球式液位计,1 套。

(2) 潜污泵,CP-55.5-65(4P),2 台。

功能说明:收集厂区生活污水,以调匀水质,防止高峰负荷产生,并利用泵提升至后续处理单元进行处理。

15. 调匀池 T501

设计规模:1952 m³/d。有效容积:529.75 m³。材质:R.C.+FRP。尺寸:20.75 m×7.25 m×4 m。停留时间:6.5 h。

附件:

(1) 耐酸碱提升泵 g-310-80(2P,SUS304,7.5 kW),2 台(二期增加 1 台)。

(2) 液位控制仪,1 套。

(3) 电磁流量计,1 套。

(4) 曝气系统(PVC + SUS304 支架),1 套。

(5) 搅拌鼓风机 ZS55H-50-400 Mbar(55 kW,35 m³/min),1 台。

(6) 搅拌鼓风机变频器,55 kW,1 台。

功能说明:收集预处理后的各类废水及其他有机废水,以调匀水质,防止高峰负荷产生,并利用泵提升至后续处理单元进行处理。

16. 反应池 T502

设计规模:81.5 m³/h。有效容积:81.5 m³。材质:R.C. + FRP。尺寸:10.5 m×3 m×4 m。停留时间:1 h。

附件:

(1) pH 自动控制仪,PC-350,1 台。

(2) 硫酸亚铁计量加药泵,AHA42,1 台(二期增加 1 台)。

(3) 液碱计量加药泵,AHA42,2 台(二期增加 1 台)。

(4) PAM 计量加药泵,AHA42,1 台(二期增加 1 台)。

(5) 机械搅拌器 3 kW,2 台。

(6) 机械搅拌器 1.5 kW,1 台

(7) 空气搅拌系统,3 套。

功能说明:作为沉淀的前置处理,在反应槽中加入混凝剂硫酸亚铁、pH 调整剂液碱及高分子絮凝剂 PAM 并进行搅拌反应,废水中的污染物通过一系列反应后形成絮状沉淀物经沉淀去除。

17. 沉淀池 T503

设计规模:81.5 m³/h。表面负荷:0.80 m³/(m²·h)。有效容积:326 m³。材质:R.C. + FRP。尺寸:11.5 m×10.5 m×5.5 m。停留时间:4 h。

附件:

(1) 中心刮泥机 Cg-10.5C,1 台。

(2) 出水波水堰(SUS304),1 套。

(3) 进水稳流筒(SUS304),1 套。

功能说明:经反应后产生的重金属污泥沉降处,沉降下来的污泥入污泥浓缩池等待进行污泥处理。

18. 中和池 T504

设计规模:81.5 m³/h。有效容积:20.375 m³。材质:R.C. + FRP。尺寸:3.5 m×2 m×3 m,两座。停留时间:15 min。

附件:

(1) pH 自动控制仪,PC-350,1 台(二期增加 1 台)。

(2) 硫酸计量加药泵,AHA42,1 台(二期增加 1 台)。

(3) 空气搅拌系统,1 套(二期增加 1 台)。

(4) 机械搅拌器 3 kW,1 台(二期增加 1 台)。

功能说明:加入硫酸调整废水的 pH 至中性,以便其符合生物处理条件。

19. 厌氧水解池 T505

设计规模:2072 m³/d(86.5 m³/h)。有效容积:259.5 m³。材质:R.C. + 防水水泥砂浆

表面处理。尺寸：7.25 m×3.5 m×5.8 m，两组。停留时间：3 h。

污泥回流比：50%～100%。

附件：

(1) 潜水搅拌器 QJB3,1 台(二期增加 1 台)。

(2) 营养盐添加泵 1 寸,1 台(二期增加 1 台)。

(3) 厌氧池加盖设施,25 m²(二期增加 25 m²)。

功能说明：污水及回流污泥在此混合，回流污泥中的摄磷菌在此进行磷的释放，以利于后续好氧时磷的去除；污水在此进行一定时间的酸化水解，在酸化水解过程中，废水中一些不可生化分解的有机污染物逐步在厌氧条件下由大分子水解成小分子可生化分解的有机污染物，并在后续好氧生化处理过程中加以去除，它可提高废水的可生化性，提高后续处理设施的处理效率。池中需适当补充营养盐。

20. 缺氧池 T506

设计规模：86.5 m³/h。有效容积：692 m³。材质：R.C. + 防水水泥砂浆表面处理。尺寸：9 m×7.25 m×5.8 m，两组。停留时间：8 h。

混合液回流比：100%～150%。

附件：

(1) 潜水搅拌器 QJB3,2 台(二期增加 2 台)。

(2) 缺氧池加盖设施,66 m²(二期增加 66 m²)。

功能说明：污水及回流混合液在此进行硝化和反硝化；以利于提高后续除氮效率，污水在此进行一定时间的酸化水解，在酸化水解过程中，废水中一些大分子不可生化分解的有机污染物逐步在厌氧条件下水解成小分子可生化分解的有机污染物，并在后续好氧生化处理过程中加以去除，它可提高废水的可生化性，提高后续处理设施的处理效率。

21. 活性污泥池 T507

设计规模：86.5 m³/h。有效容积：1124.5 m³。材质：R.C. + 防水水泥砂浆表面处理。尺寸：15 m×7.25 m×5.8 m，两组。停留时间：13 h。

附件：

(1) 微孔曝气器,435 套(二期增加 435 套)。

(2) 混合液回流泵 g-315-200(4P,11 kW,SUS304),2 台。

(3) 转子流量计,1 台。

(4) 变频器 11 kW,2 台。

(5) 鼓风机 ZS55H-50-700 Mbar(55 kW,35 m³/min),2 台(二期增加 1 台)。

(6) 鼓风机变频器,55 kW,2 台(二期增加 1 台)。

(7) 高负荷脱氮填料(部分增加),380 m³(二期增加 380 套)。

(8) 高负荷脱氮填料支架(SUS304),1 套(二期增加 1 套)。

(9) 溶解氧仪(DO),1 套(二期增加 1 套)。

(10) 消泡设施,1 套(二期增加 1 套)。

功能说明：此为污染物的主要去除场所，在池中培养好氧活性细菌胶团，利用大量细菌的活动来分解废水中的有机污染物，最终将废水中的大部分有机污染物分解为二氧化碳和水，以达到污水净化的目的，可降低污水中的 BOD 达 90%以上。因池中的细菌是依赖空气中的氧气及废水中的营养成活,故原则上不能停止对此池的供气。且在长期无原水可进时,可适当投加营养盐,以维持池中的种群活性,以便加快下次启动的速度。

22. 生化沉淀池 T508

设计规模:86.5 m³/h。表面负荷:0.7 m³/(m²·h)。有效容积:346 m³。材质:R.C. + 防水水泥砂浆表面处理。尺寸:12 m×12 m×5.8 m。停留时间:4 h。

附件:

(1) 中心刮泥机 Cg-12C,1 台。

(2) 出水波水堰(SUS304),1 套。

(3) 进水稳流筒(SUS304),1 套。

(4) 污泥回流泵 g-37-150(4P,5.5,SUS304),2 台。

(5) 引水桶(PP),2 台。

(6) 回流泵变频器(5.5 kW),2 台。

功能说明:此池为生化处理的一部分,接触氧化池中所产生的活性菌胶团以及污泥在此沉降,为保证活性污泥池中细菌数量,保证活性污泥池的处理效果,沉降下来的活性污泥有一部分回流入生化处理系统,多余部分排放。

23. 高锰酸钠当槽废水 TL601

设计规模:1 m³/d。有效容积:5 m³。材质:FRP 槽。尺寸:Φ1.6 m×2.65 m。

附件:

(1) 浮球式液位计,1 套。

(2) 耐酸碱泵,KB-40012L,2 台。

(3) 转子流量计,UPVC,1 套。

功能说明:收集高锰酸钠当槽废水,以调匀水质,防止高峰负荷产生,并利用泵滴加至后续处理单元进行处理。

24. 调匀池 T601

设计规模:3212 m³/d(134 m³/h)。有效容积:1072 m³。材质:R.C. + FRP。尺寸:20.75 m×14.5 m×4 m。停留时间:8 h。

附件:

(1) 浮球式液位计,1 套。

(2) 耐酸碱泵,g-320-100-2P,(SUS304),2 台。

(3) 电磁流量计,1 套。

(4) 曝气系统(PVC + SUS304 支架),1 套。

(5) 变频器 15 kW,2 台(二期增加 1 台)。

功能说明:收集预处理后的各类废水及无机清洗废水,以调匀水质,防止高峰负荷产生,并利用泵提升至后续处理单元进行处理。

25. 反应池 T602

设计规模:134 m³/h。有效容积:134 m³。材质:R.C. + FRP。尺寸:14 m×3 m×4 m。停留时间:1 h。

附件:

(1) pH 自动控制仪,PC-350,2 台。

(2) 硫酸亚铁计量加药泵,AHB42,1台(二期增加1台)。

(3) 液碱计量加药泵,AHB42,2台(二期增加2台)。

(4) PAM 计量加药泵,AHB42,1台(二期增加1台)。

(5) 机械搅拌机,4 kW,4台。

(6) 机械搅拌机,1.5 kW,1台。

(7) 空气搅拌系统,4套。

功能说明:作为沉淀的前置处理,废水中的污染物通过一系列反应后形成絮状沉淀物经沉淀去除。

26. 沉淀池 T603

设计规模:134 m³/h。表面负荷:0.90 m³/(m² · h)。有效容积:536 m³。材质:R.C. + FRP。尺寸:14 m×11.5 m×5.8 m。停留时间:4 h。

附件:

(1) 中心刮泥机 Cg-11.5C,1台。

(2) 出水波水堰(SUS304),1套。

(3) 进水稳流筒(SUS304),1套。

功能说明:经反应后产生的重金属污泥沉降处,沉降下来的污泥入污泥浓缩池等待进行污泥处理。

27. 混合池 T701

设计规模:5684 m³/d(237 m³/h)。有效容积:1185 m³。材质:R.C. + FRP。尺寸:18 m×12 m×4 m+14.4 m×10 m×4 m。停留时间:5 h。

附件:

(1) 耐酸碱提升泵,KIC-150-125-315(SUS304),2台。

(2) 液位控制仪,1套。

(3) 电磁流量计,1套。

(4) 曝气系统(PVC+SUS304 支架),1套。

(5) 变频器 18.5 kW,2台(二期增加1台)。

功能说明:收集预处理后的有机废水及无机废水,以调匀水质,防止高峰负荷产生,并利用泵提升至后续处理单元进行处理。

28. 反应池 T702

设计规模:237 m³/h。有效容积:237 m³。材质:R.C. + FRP。尺寸:12 m×3 m×4 m,2座。停留时间:60 min。

附件:

(1) pH 自动控制仪,1台(二期增加1台)。

(2) 液碱加药机 AHB52,1台(二期增加2台)。

(3) 硫酸亚铁计量加药泵,AHB52,1台(二期增加1台)。

(4) PAM 计量加药泵,AHB52,1台(二期增加1台)。

(5) 机械搅拌器,4 kW,2台(二期增加2台)。

(6) 机械搅拌器,1.5 kW,1台(二期增加1台)。

(7) 空气搅拌系统,3套(二期增加3套)。

功能说明:作为沉淀的前置处理,在反应槽中加入混凝剂硫酸亚铁及高分子絮凝剂 PAM 并进行搅拌反应,废水中的污染物通过一系列反应后形成絮状沉淀物经沉淀去除。

29. 沉淀池 T703

设计规模:237 m³/h。表面负荷:0.9 m³/(m²·h)。有效容积:948 m³。材质:R.C.+FRP。尺寸:12 m×11.5 m×5.8 m,2 座。停留时间:4 h。

附件:

(1) 中心刮泥机 Cg-11.5C,1 台(二期增加 1 台)。

(2) 出水波水堰(SUS304),1 套(二期增加 1 套)。

(3) 进水稳流筒(SUS304),1 套(二期增加 1 套)。

功能说明:经反应后产生的重金属污泥沉降处,沉降下来的污泥入污泥浓缩池等待进行污泥处理。

30. 中和池 T704

设计规模:237 m³/h。有效容积:39.5 m³。材质:R.C.+FRP。尺寸:6 m×2.5 m×4.5 m。

附件:

(1) pH 自动控制仪,PC-350,1 台。

(2) 硫酸计量加药泵,AHB52,1 台(二期增加 1 台)。

(3) 空气搅拌系统,1 套。

功能说明:加入硫酸调整废水的 pH 至中性,以便其符合达标条件。

31. 缓冲池 T705

设计规模:237 m³/h。有效容积:39.5 m³。材质:R.C.+FRP。尺寸:6 m×2.5 m×4.5 m。

功能说明:调整好的废水缓冲作用,稳定水质。

32. 排放水池 T706

设计规模:237 m³/h。材质:R.C 结构。尺寸:10 m×3.6 m×4 m。

附件:

(1) COD 在线仪,1 台。

(2) 铜离子在线仪,1 台。

(3) pH 在线仪,1 台。

(4) 总氰化物在线仪,1 台。

(5) 电磁流量计,1 台。

功能说明:对处理后的污水稳流排放。

33. 污泥浓缩池 SH-01

设计规模:6284 m³/d。有效容积:850 m³。材质:R.C.+FRP。尺寸:11 m×10 m×5.5 m,12 m×11 m×5.5 m,综合含铜污泥。

附件:

(1) 综合污泥输送泵 100HF M-II-50-80,4 台(二期增加 4 台)。

(2) 引水桶(SUS316),4 台(二期增加 4 台)。

(3) 污泥刮泥机 Cg-11,2 台。

(4) 进泥稳流筒 SUS304,2 套。

(5) 出水波水堰 SUS304,2 套。

(6) 变频器 30 kW,4 台(二期增加 4 台)。

功能说明:处理系统所产生的污泥排入本污泥浓缩池,将含水率为 99.4% 的污泥降低至含水率为 97% 的污泥,减少进入脱水机的污泥量,减轻污泥处理负荷。

34. 高压隔膜压滤机

设计规模:6284 m³/d。滤室容积:3.5 m²/台。型号为 XMAgZ200/1250-U,1 期两台,二期增加 2 台。处理时间:每天 4～5 次。

附件:

(1) 自动拉板系统,2 套(二期增加 2 套)。

(2) 自动污泥输送带,SUS304,2 套(二期增加 2 套)。

(3) 滤液槽,SUS304,2 套(二期增加 2 套)。

(4) 高压系统,1 套(二期增加 1 套)。

(5) 污泥斗,2 套(二期增加 2 套)。

功能说明:将含水率为 97% 的污泥降至含水率为 60%～65% 的泥饼,以便于污泥外运处置。

35. 溶药贮药设施

设计规模:6284 m³/d。

(1) 液碱贮槽,15 t,4 座,FRP 材质。

(2) 硫酸亚铁贮槽,15 t,5 座,FRP 材质;搅拌机 HJ2600(0.75 kW)5 台。

(3) 硫酸贮槽,15 t,1 座,FRP 材质。

(4) 营养盐贮槽,15 t,2 座,FRP 材质;搅拌机 HJ2600(0.75 kW)2 台。

(5) 次氯酸钠贮槽,5 t,1 座,FRP 材质。

(6) PAM 3 m³/h 自动泡药机,1 台。

(7) 硫酸亚铁及营养盐溶解池:3 m×3 m×2.5 m,2 座。

(8) 搅拌机,2.2 kW,2 台。提升泵,2 台。

说明:液体药剂液碱(30%)、硫酸亚铁(37%)、次氯酸钠(10%)及硫酸(30%)由药品供应商以槽车供至现场,并送入池体贮存,并用泵打入 PE 贮槽中,再用计量加药泵定量送入各加药点;固体型药剂先在药槽中同水以一定的比例溶解好,再通过计量加药泵定量送入各加药点。

3.4.6 主要工程量统计

主要工程量统计表如表 3.4.4～3.4.8 所示。

表 3.4.4 土建工程量统计表

序号	名称	规格 $L \times B \times H$(m)	单位	数量	备注
1	调匀池 T101	14.5×12×4	座	1	R.C. + FRP
2	反应池 T102	6.75×3×4	座	1	R.C. + FRP

续表

序号	名称	规格 $L \times B \times H$(m)	单位	数量	备注
3	沉淀池 T103	$12 \times 11.5 \times 5.8$	座	1	R.C. + FRP
4	中和池 T104	$3 \times 2.25 \times 4$	座	1	R.C. + FRP
5	中间水池 T105	$7.25 \times 3 \times 4$	座	1	R.C. + FRP
6	中间水池 T108	$7.25 \times 3 \times 4$	座	1	R.C. + FRP
7	超滤水池 T110	$7.25 \times 3 \times 4$	座	1	R.C. + FRP
8	回用水池 T112	$7.25 \times 3 \times 4$	座	1	R.C. + FRP
9	调匀池 T201	$5.25 \times 4.5 \times 4$	座	1	R.C. + FRP
10	氧化池 T202	$3 \times 3.625 \times 3.5$	座	1	R.C. + FRP
11	氧化池 T203	$3 \times 3.625 \times 3.5$	座	1	R.C. + FRP
12	调匀池 T301	$5.25 \times 2.75 \times 4$	座	1	R.C. + FRP
13	高浓度微蚀废水槽 TL201	$7.25 \times 3.25 \times 4$	座	1	R.C. + FRP
14	显影去膜废水槽 TL301	$7.25 \times 5.25 \times 4$	座	1	R.C. + FRP
15	酸化池 TL302A/B	$5.25 \times 4.25 \times 5$	座	2	R.C. + FRP
16	酸化中间水池 TL303	$12 \times 7.25 \times 4$	座	1	R.C. + FRP
17	酸化反应池 TL304	$8.5 \times 2 \times 3.5$	座	1	R.C. + FRP
18	酸化沉淀池 TL305	$7.25 \times 6 \times 5$	座	1	R.C. + FRP
19	调匀池 T401	$5.25 \times 4.5 \times 4$	座	1	R.C.结构
20	调匀池 T501	$20.75 \times 7.25 \times 4$	座	1	R.C. + FRP
21	反应池 T502	$10.5 \times 3.0 \times 4$	座	1	R.C. + FRP
22	沉淀池 T503	$11.5 \times 10.5 \times 5.8$	座	1	R.C. + FRP
23	中和池 T504	$3.5 \times 2 \times 3$	座	2	R.C. + FRP
24	厌氧水解池 T505	$7.25 \times 3.5 \times 5.8$	座	2	R.C.
25	缺氧池 T506	$9 \times 7.25 \times 5.8$	座	2	R.C.
26	活性污泥池 T507	$15 \times 7.25 \times 5.8$	座	2	R.C.
27	生物沉淀池 T508	$12 \times 12 \times 5.8$	座	1	R.C.
28	调匀池 T601	$20.75 \times 14.5 \times 4$	座	1	R.C. + FRP
29	反应池 T602	$14 \times 3 \times 4.0$	座	1	R.C. + FRP
30	沉淀池 T603	$14 \times 11.5 \times 5.8$	座	1	R.C. + FRP
31	混合池 T701	$18 \times 12 \times 4$ $14.4 \times 10 \times 4$	座	1	R.C. + FRP
32	反应池 T702	$12 \times 3 \times 4$	座	2	R.C. + FRP
33	物化沉淀池 T703	$12 \times 11.5 \times 5.8$	座	2	R.C. + FRP
34	中和池 T704	$6 \times 2 \times 4$	座	1	R.C. + FRP
35	缓冲池 T705	$6 \times 2 \times 5.8$	座	1	R.C. + FRP
36	外排水池 T706	$10 \times 3.6 \times 4$	座	1	R.C. + FRP

序号	名称	规格 $L \times B \times H$(m)	单位	数量	备注
37	污泥浓缩池 SH-1	$11 \times 10 \times 5.5$ $12 \times 11 \times 5.5$	座	1	R.C. + FRP
38	设备基础		式	1	砼
39	预埋管件		式	1	碳钢或 UPVC
40	辅房及照明等		式	1	砖混,地坪 EPOXY
41	梯及栏杆		式	1	钢梯碳钢防腐; 栏杆 SUS304
42	池体环氧防腐	优质耐酸碱乙烯基树脂	批	1	五油三布
43	外围道路地坪		式	1	根据地质情况定
44	地基加固		式	1	根据地质情况定

表 3.4.5　一期回用水设备部分

序号	名称	规格	单位	数量	备注
一		预处理设施(反应沉淀)			
1	调匀池 T101 布气系统		式	1	
2	提升泵	g-35-65(2 P)	台	2	
3	液位控制仪		套	1	
4	引水桶		只	2	PP
5	电磁流量计		套	1	
6	反应池 T102 pH 控制仪	PC-350	套	1	
7	反应池 T102 加药泵	AHA41	台	3	
8	反应池 T102 机械搅拌机	3 kW	台	2	
9	反应池 T102 机械搅拌机	1.5 kW	台	1	
10	沉淀池 T103 传动刮泥机	Cg-11.5C	套	1	
11	沉淀池 T103 进水稳流筒		套	1	SUS304
12	沉淀池 T103 出水波水堰		套	1	SUS304
13	中和池 T104 pH 控制仪	PC-350	台	1	
14	中和池 T104 计量加药泵	AHA41	台	1	
15	中和池 T104 计量加药泵	3 kW	台	1	桨轴 SUS304
二		过滤器系统			
1	中间水池 T105 提升泵	g-35-65(2P)	台	2	SUS304
2	投入式液位计		套	1	
3	电导仪	EC-410	台	1	
4	引水桶		只	2	PP
5	砂过滤器	$\Phi 1.8$ m	台	1	碳钢衬胶

续表

序号	名称	规格	单位	数量	备注
6	过滤器滤料	水处理精致石英砂	套	1	
7	气动阀控制系统		套	1	
8	反洗及气洗系统		套	1	
9	碳过滤器	Φ1.8 m	台	1	碳钢衬胶
10	过滤器滤料	活性炭	套	1	
11	气动阀控制系统		套	1	
12	气动阀控制系统		套	1	
13	反洗及气洗系统		套	1	
三		超滤系统			
1	中间水池 T108 提升泵	g-35-65(2P)	台	2	SUS304
2	投入式液位计		套	1	
3	引水桶		只	2	PP
4	保安过滤器	25 m³/h,50 μm	套	1	SUS304
5	杀菌剂加药泵及药桶		套	1	
6	超滤膜元件	8 寸或 9 寸,抗污染废水专用膜,膜丝 PVDF 材质	支	14	
7	气动蝶阀控制系统		套	1	
8	产水电磁流量计		套	1	
9	转子流量计		套	2	
10	反洗泵	g-37-80,4P	台	1	
11	液位控制仪		套	1	
12	保安过滤器	50 m³/h,5 m	套	1	SUS304
13	超滤系统支架		套	1	SUS304 材质
14	超滤系统本体管阀件		套	1	
15	超滤系统仪器仪表配套件		套	1	
四		RO 系统			
1	RO 给水泵	g-35-65(2P)	台	2	SUS304
2	投入式液位计		套	1	
3	引水桶		只	2	PP
4	电导仪	EC-410	台	1	
5	ORP 电导仪		台	1	
6	阻垢还原加药泵及药桶		套	2	
7	保安过滤器	5 μm,25 m³/h	套	1	SUS304
8	RO 高压泵	CDM32-90-2	台	1	SUS304

序号	名称	规格	单位	数量	备注
9	高压泵变频器	18.5 kW	台	1	
10	RO 膜元件	抗污染废水专用膜 PROC10	支	24	
11	膜外壳	4 支装	支	6	FRP
12	自动冲洗阀门		套	1	SUS304
13	产水在线流量计		台	1	
14	产水、浓水流量计		台	2	
15	在线电导仪	EC-410	台	1	
16	RO 系统支架		套	1	SUS304 材质
17	RO 系统本体管阀件		套	1	
18	RO 系统仪器仪表配套件		套	1	
五		超滤及 RO 清洗系统			
1	超滤、RO 膜药洗泵	g-35-65(1)(4P)	台	1	SUS304
2	膜药洗过滤器	5 μm，25 m³/h	套	1	SUS304
3	清洗水箱	底部锥形，容积 1 m³	台	1	PE
六		阀门、管材、管件			
1	系统间各类管材/管件		批	1	
3	阀门配件		批	1	
4	管道支架		批	1	SUS304/碳钢镀锌
5	设备支架		批	1	SUS304/碳钢镀锌
6	型钢类材料		批	1	水下部分 SUS304 水上部分碳钢镀锌
7	油漆防腐		批	1	
8	辅材	螺丝螺帽/膨胀螺栓等	批	1	SUS304
七		电器部分			
1	人机界面				
2	电器控制元件		套	1	
3	PLC 程控（含报警）		套	1	
4	电器控制柜（含 PLC 柜）		套	1	
5	现场电箱		套	1	
6	电缆		批	1	
7	电缆线槽		批	1	玻璃钢

表 3.4.6　废水达标处理部分

序号	名称	规格	单位	数量	备注
一	浸金线废气塔排水处理系统				
1	调匀池 T201 耐酸碱泵	KB-40022 L	台	2	
2	液位控制仪		套	1	
3	电磁流量计		套	1	
4	空气曝气系统		套	1	PVC＋支架 SUS304
5	引水桶		台	2	PP
6	氧化槽 T202 加药泵	BX50	台	2	
7	氧化槽 T202 pH/ORP 控制仪		台	2	
8	氧化槽 T202 机械搅拌机	3 kW	台	1	桨叶/桨轴 SUS304
9	氧化槽 T203 加药泵	BX50	台	2	
10	氧化槽 T203 pH/ORP 控制仪		台	2	
11	氧化槽 T203 机械搅拌机	3 kW	台	1	桨叶/桨轴 SUS304
二	有机废水加药沉淀＋生化处理系统				
1	黑化线当槽水槽 TL101	Φ2.2 m×4.15 m	座	1	FRP 槽
2	黑化线当槽水槽 TL101 耐酸碱泵	KB-40012 L	台	2	
3	液位控制仪		套	1	
4	转子流量计		套	1	
5	高浓度微蚀废水槽 TL201 耐酸碱泵	KB-40022 L	台	2	
6	液位控制仪		套	1	
7	转子流量计		套	1	
8	引水桶		台	2	PP
9	显影去膜废水池 TL301 耐酸碱泵	2寸,塑料	台	2	
10	液位控制仪		套	1	
11	电磁流量计		套	1	
12	酸化池 TL302A/B 计量加药泵	1/2寸,塑料	台	2	
13	酸化池 TL302A/BPH 控制仪	PC-350	台	2	
14	酸化池 TL302A/B 机械搅拌机	5.5 kW	台	2	桨叶/桨轴 SUS304
15	酸化池 TL302A/B 提升泵	2寸,塑料	台	2	
16	酸化中间水池 TL303 提升泵	2寸,塑料	台	2	
17	转子流量计		套	2	
18	空气搅拌系统		套	2	
19	酸化反应池 TL304 计量加药泵	1/2寸,塑料	台	1	

序号	名称	规格	单位	数量	备注
20	酸化反应池 TL304 计量加药泵	AHA41	台	2	
21	酸化反应池 TL304 pH 控制仪	PC-350	台	1	
22	酸化反应池 TL304 机械搅拌机	2.2 kW	台	3	桨叶/桨轴 SUS304
23	酸化反应池 TL304 机械搅拌机	1.5 kW	台	1	桨叶/桨轴 SUS304
24	酸化沉淀池 TL305 刮泥机	Cg-6C	台	1	水下 SUS304
25	进水稳流筒		套	1	SUS304
26	出水波水堰		套	1	SUS304
27	污泥泵	塑料	套	2	
28	高浓度蓬松剂废水槽 TL401	1.8 m×1.8 m×1.8 m	座	1	SUS316
29	高浓度蓬松剂废水槽 TL401 耐酸碱泵	KB-40012 L	台	2	
30	液位控制仪		套	1	
31	转子流量计		套	1	
32	高 COD 废水槽 TL501	Φ1.6 m×2.65 m	座	1	FRP 槽
33	高 COD 废水槽 TL501 耐酸碱泵	KB-40012L	台	2	
34	液位控制仪		套	1	
35	转子流量计		套	1	
36	调匀池 T401 提升泵	CT-55.5-65(4P)	台	2	
37	调匀池 T401 提升泵变频器	5.5 kW	台	2	
38	液位控制仪		套	1	
39	调匀池 T501 耐酸碱泵	g-310-80(2P)	台	2	
40	调匀池 T501 提升泵变频器	7.5 kW	台	2	
41	液位控制仪		套	1	
42	电磁流量计		套	1	
43	引水桶		台	2	PP
44	布气系统		套	1	PVC+支架 SUS304
45	反应池 T502 计量加药泵	AHA42	台	4	
46	反应池 T502PH 控制仪	PC-350	台	1	
47	反应池 T502 机械搅拌机	3 kW	台	2	桨叶/桨轴 SUS304
48	反应池 T502 机械搅拌机	1.5 kW	台	1	桨叶/桨轴 SUS304
49	空气搅拌系统		套	3	PVC+支架 SUS304
50	沉淀池 T503 刮泥机	Cg-10.5C	台	1	水下 SUS304
51	中心进水稳流筒		套	1	SUS304
52	出水波水堰		套	1	SUS304

续表

序号	名称	规格	单位	数量	备注
53	中和池 T504 计量加药泵	AHA42	台	1	
54	中和池 T504PH 控制仪	PC-350	台	1	
55	空气搅拌		套	1	PVC + 支架 SUS304
56	中和池 T504 机械搅拌机	3 kW	台	1	桨叶/桨轴 SUS304
57	厌氧水解池 T505 潜水搅拌器	QJB3	台	1	
58	缺氧池 T506 潜水搅拌器	QJB3	台	2	
59	营养盐加药泵	1 寸	台	1	
60	微孔曝气系统		套	435	
61	微孔曝气系统支架		套	1	SUS304
62	消包设施		套	1	
63	溶解氧仪（DO）		套	1	
64	混合液回流泵	g-315-200（4P,SUS304）	台	2	
65	回流泵变频器	11 kW	台	2	
66	转子流量计		套	1	
67	高负荷脱氮填料		m³	380	
68	高负荷脱氮填料支架		套	1	SUS304
69	生物沉淀池 T508 中心传动刮泥机	Cg-12C	台	1	水下部分 SUS304
70	进水稳流筒		套	1	SUS304
71	出水波水堰		套	1	SUS304
72	污泥回流泵	g-37-150（4P,SUS304）	台	2	
73	回流泵变频器	5.5 kW	台	2	
74	引水桶		台	2	PP
三	无机废水加药沉淀预处理系统				
1	高锰酸钠当槽废水槽 TL601	Φ1.6 m×2.65 m	座	1	FRP 槽
2	高锰酸钠当槽废水槽 TL601 耐酸碱泵	KB-40012 L	台	2	
3	液位控制仪		套	1	
4	转子流量计		套	1	
5	调匀池 T601 耐酸碱泵	g-320-100,2P,SUS304	台	2	
6	提升泵变频器	15 kW	台	2	
7	液位控制仪		套	1	
8	引水桶		台	2	PP
9	曝气系统		套	1	PVC + 支架 SUS304
10	电磁流量计		套	1	

序号	名称	规格	单位	数量	备注
11	反应池 T602 计量加药泵	AHB42	台	4	
12	反应池 T602 pH 自动控制仪	PC-350	台	2	
13	反应池 T602 机械搅拌机	4 kW	台	3	桨叶/桨轴 SUS304
14	反应池 T602 机械搅拌机	1.5 kW	台	1	桨叶/桨轴 SUS304
15	空气搅拌系统		套	4	PVC＋支架 SUS304
16	沉淀池 T603 中心刮泥机	Cg-11.5C	台	1	水下 SUS304
17	中心进水稳流筒		套	1	SUS304
18	出水波水堰		套	1	SUS304
四	混合废水末道处理系统				
1	混合池 T701 耐酸碱泵	KIC-150-125-315（SUS304）	台	2	
2	提升泵变频器	18.5 kW	台	2	
3	液位控制仪		套	1	
4	引水桶		台	2	PP
5	电磁流量计		套	1	
6	布气系统		套	2	PVC＋支架 SUS304
7	反应池 T702 计量加药泵	AHB52	台	3	
8	反应池 T702 pH 控制仪	PC-350	台	1	
9	空气搅拌		套	3	PVC＋支架 SUS304
10	反应池 T702 机械搅拌机	4 kW	台	2	桨叶/桨轴 SUS304
11	反应池 T702 机械搅拌机	1.5 kW	台	1	桨叶/桨轴 SUS304
12	沉淀池 T703 中心刮泥机	Cg-11.5C	台	1	水下不锈钢 SUS304
13	中心进水稳流筒		套	1	SUS304
14	出水波水堰		套	1	SUS304
15	中和池 T704 计量加药泵	AHB52	台	1	
16	中和池 T704 pH 控制仪	PC-350	台	1	
17	空气搅拌		套	1	
五	污泥脱水系统				
1	污泥输送泵	100HFM-II-50-80	台	4	
2	输送泵变频器	30 kW	台	4	
3	引水桶		台	4	SUS304
4	刮泥机	Cg-11C	台	2	水下 SUS304
5	进泥稳流筒		套	2	SUS304
6	出水波水堰		套	2	SUS304
7	高压隔膜压滤机	XMAgZ200/1250-U	台	2	

续表

序号	名称	规格	单位	数量	备注
8	自动污泥输送带		套	2	SUS304
9	滤液槽		套	2	SUS304
10	高压系统		套	1	
11	污泥斗		套	2	
六	厌氧/缺氧池加盖及加药辅房抽风处理				
1	厌氧/缺氧池加盖		m²	91	玻璃钢
2	加药区抽风处理设施		套	1	含风机及处理设备
七	风机系统				
1	调匀池曝气风机	ZS55H-50-400 Mbar	台	1	Atlas
2	生化曝气鼓风机	ZS55H-50-700 Mbar	台	2	
3	风机变频器	55 kW	台	3	
八	加药系统				
1	FRP 桶槽	15 t	座	11	
2	FRP 桶槽	5 t	座	1	
3	搅拌机	0.75 kW	套	7	桨叶/桨轴 SUS304
4	搅拌机	2.2 kW	套	2	桨叶/桨轴 SUS304
5	PAM 自动泡药机	3 m³/h	套	1	SUS304
6	加药泵固定支架		套	1	SUS304
7	药液输送泵	1 寸,PP	台	2	
8	药液输送泵	1KB-50032L	台	3	
九	阀门、管材、管件				
1	系统间各类管材/管件		批	1	
2	阀门配件		批	1	UPVC
3	镀锌管	风管及压缩空气管	批	1	国标
4	镀锌管配件		批	1	国标
5	管道支架		批	1	SUS304/碳钢镀锌
6	设备支架		批	1	SUS304/碳钢镀锌
7	型钢类材料		批	1	水下部分 SUS304 水上部分碳钢镀锌
8	油漆防腐		批	1	
9	辅材	螺丝螺帽/膨胀螺栓等	批	1	SUS304
十	电器部分				
1	人机界面		套	2	
2	电器控制元件		套	1	
3	PLC 程控(含报警)		套	1	

续表

序号	名称	规格	单位	数量	备注
4	电器控制柜(含 PLC 柜)		套	1	
5	现场电箱		套	1	CS 喷涂/SUS304
6	电缆		批	1	
7	电缆线槽		批	1	玻璃钢
十一		自动化部分			
1	上位机	研华	套	1	与回用水共用
2	组态软件(运行版)		套	1	与回用水共用
3	组态费		套	1	与回用水共用
4	程序编程费		套	1	与回用水共用
5	画面分隔器		套	1	矩阵控制器(视频服务器)
6	大屏	3 行×4 列工业高清拼接单元	个	12	
7	污水处理厂视频监控		套	1	

注:寸为旧长度单位。1 寸≈0.0333 m。

表 3.4.7 二期回用水设备部分

序号	名称	规格	单位	数量	备注
一		预处理设施(反应沉淀)			
1	提升泵	g-35-65(2P)	台	1	SUS304
2	引水桶		只	1	PP
3	反应池 T102 加药泵	AHA41	台	3	
4	中和池 T104 计量加药泵	AHA41	台	1	
二		过滤器系统			
1	中间水池 T105 提升泵	g-35-65(2P)	台	1	SUS304
2	引水桶		只	1	PP
3	砂过滤器	$\Phi1.8$ m	台	1	碳钢衬胶
4	过滤器滤料	水处理精致石英砂	套	1	
5	气动阀控制系统		套	1	
6	反洗及气洗系统		套	1	
7	碳过滤器	$\Phi1.8$ m	台	1	碳钢衬胶
8	过滤器滤料	活性炭	套	1	
9	气动阀控制系统		套	1	
三		超滤系统			
1	中间水池 T108 提升泵	g-35-65(2P)	台	1	SUS304
2	引水桶		只	1	PP

续表

序号	名称	规格	单位	数量	备注
3	保安过滤器	25 m³/h,50 μm	套	1	SUS304
4	杀菌剂加药泵及药桶		套	1	
5	超滤膜元件	8 寸或 9 寸,抗污染废水专用膜,膜丝 PVDF 材质	支	14	
6	气动蝶阀控制系统		套	1	
7	产水电磁流量计		套	1	
8	转子流量计		套	2	
9	反洗泵	g-37-80,4P,SUS304	台	1	
10	液位控制仪		套	1	
11	保安过滤器	50 m³/h,5 μm	套	1	SUS304
12	超滤系统支架		套	1	SUS304 材质
13	超滤系统本体管阀件		套	1	
14	超滤系统仪器仪表配套件		套	1	
四		RO 系统			
1	RO 给水泵	g-35-65(2P)	台	1	SUS304
2	引水桶		只	1	PP
3	阻垢还原加药泵及药桶		套	2	
4	保安过滤器	5 μm,25 m³/h	套	1	SUS304
5	RO 高压泵	CDM32-90-2	台	1	SUS304
6	高压泵变频器	18.5 kW	台	1	
7	RO 膜元件	抗污染废水专用膜	支	24	
8	膜外壳	4 支装	支	6	FRP
9	自动冲洗阀门		套	1	SUS304
10	产水在线流量计		台	1	
11	产水、浓水流量计		台	2	
12	在线电导仪	EC-410	台	1	
13	RO 系统支架		套	1	SUS304 材质
14	RO 系统本体管阀件		套	1	
15	RO 系统仪器仪表配套件		套	1	
五		超滤及 RO 清洗系统			
六		阀门、管材、管件			
1	系统间各类管材/管件		批	1	
3	阀门配件		批	1	

序号	名称	规格	单位	数量	备注
4	管道支架		批	1	SUS304/碳钢镀锌
5	设备支架		批	1	SUS304/碳钢镀锌
6	型钢类材料		批	1	水下部分 SUS304 水上部分碳钢镀锌
7	油漆防腐		批	1	
8	辅材	螺丝螺帽/膨胀螺栓等	批	1	SUS304
七		电器部分			
1	人机界面		套	1	
2	电器控制元件		套	1	
3	PLC 程控(含报警)		套	1	
4	电器控制柜(含 PLC 柜)		套	1	
5	现场电箱		套	1	
6	电缆		批	1	
7	电缆线槽		批	1	玻璃钢

表 3.4.8　废水达标处理部分

序号	名称	规格	单位	数量	备注
一		浸金线废气塔排水处理系统			
二		有机废水加药沉淀＋生化处理系统			
1	调匀池 T501 耐酸碱泵	g-310-80(2P)	台	1	SUS304
2	调匀池 T501 提升泵变频器	7.5 kW	台	1	
3	引水桶		台	1	PP
4	电磁流量计		台	1	
5	反应池 T502 计量加药泵	AHA42	台	4	
6	中和池 T504 计量加药泵	AHA42	台	1	
7	中和池 T504 pH 计	PC350	台	1	
8	中和池 T504 空气搅拌		套	1	
9	中和池 T504 搅拌机	3 kW	台	1	桨叶/桨轴 SUS304
10	厌氧水解池 T505 潜水搅拌器	QJB3	台	1	
11	缺氧池 T506 潜水搅拌器	QJB3	台	2	
12	营养盐加药泵	1 寸	台	1	
13	微孔曝气系统		套	435	ABS
14	微孔曝气系统支架		套	1	SUS304
15	消包设施		套	1	
16	溶解氧仪(DO)		套	1	

序号	名称	规格	单位	数量	备注
17	高负荷脱氮填料		m³	380	
18	高负荷脱氮填料支架		套	1	SUS304
19	混合液回流泵	g-315-200(4P)	台	2	SUS304
20	回流泵变频器	11 kW	台	2	
21	转子流量计		套	1	
三		无机废水加药沉淀预处理系统			
1	调匀池 T601 耐酸碱泵	g-320-100,2P,SUS304	台	1	
2	提升泵变频器	15 kW	台	1	
3	引水桶		台	1	PP
4	电磁流量计		套	1	
5	反应池 T602 计量加药泵	AHB52	台	4	
四		混合废水未道处理系统			
1	混合池 T701 耐酸碱泵	KIC-150-125-315（SUS304）	台	1	
2	提升泵变频器	18.5 kW	台	1	
3	引水桶		台	1	PP
4	电磁流量计		套	1	
5	反应池 T702 计量加药泵	AHB52	台	3	
6	反应池 T702 pH 控制仪	PC-350	台	1	
7	空气搅拌		套	3	PVC＋支架 SUS304
8	反应池 T702 机械搅拌机	4 kW	台	2	桨叶/桨轴 SUS304
9	反应池 T702 机械搅拌机	1.5 kW	台	1	桨叶/桨轴 SUS304
10	沉淀池 T703 中心刮泥机	Cg-11.5C	台	1	水下不锈钢 SUS304
11	中心进水稳流筒		套	1	SUS304
12	出水波水堰		套	1	SUS304
13	中和池 T704 计量加药泵	AHB52	台	1	
14	中和池 T704 空气搅拌系统		套	1	
五		污泥脱水系统			
1	污泥输送泵	100HFM-II-50-80	台	4	
2	输送泵变频器	30 kW	台	4	

序号	名称	规格	单位	数量	备注
3	引水桶		台	4	SUS304
4	高压隔膜压滤机	XMAgZ200/1250-U	台	2	
5	自动污泥输送带		套	2	SUS304
6	滤液槽		套	2	SUS304
7	高压系统		套	1	
8	污泥斗		套	2	
六	厌氧/缺氧池加盖及加药辅房抽风处理				
1	厌氧/缺氧池加盖		m²	91	玻璃钢
2	加药区抽风处理设施		套	1	含风机及处理设备
七	风机系统				
1	生化曝气鼓风机	ZS55H-50-700 Mbar	台	1	
2	风机变频器	55 kW	台	1	
八	加药系统				
1	PAM自动泡药机	3 m³/h	套	1	SUS304
2	加药泵固定支架		套	1	SUS304
九	阀门、管材、管件				
1	系统间各类管材/管件		批	1	
2	阀门配件		批	1	UPVC
3	镀锌管	风管及压缩空气管	批	1	国标
4	镀锌管配件		批	1	国标
5	管道支架		批	1	SUS304/碳钢镀锌
6	设备支架		批	1	SUS304/碳钢镀锌
7	型钢类材料		批	1	水下部分 SUS304 水上部分碳钢镀锌
8	油漆防腐		批	1	
9	辅材	螺丝螺帽/膨胀螺栓等	批	1	SUS304
十	电器部分				
1	电器控制元件		套	1	

序号	名称	规格	单位	数量	备注
2	PLC 程控(含报警)		套	1	
3	电器控制柜(含 PLC 柜)		套	1	
4	现场电箱		套	1	
5	电缆		批	1	
6	电缆线槽		批	1	玻璃钢

3.4.7　运行费用分析

3.4.7.1　回用处理系统

1000 m³/d(设备分二期实施)可回收废水经过预处理＋超滤系统、RO 膜分离系统处理达到净水水质回至生产线,净水产水量为 600 m³/d(一期产水量为 300 m³/d)。

表 3.4.9 为回用处理系统运行成本分析表。

表 3.4.9　回用处理系统运行成本分析表

序号	费用名称	每天用量	单价	每天费用(元)	备注
1	电费	787 度	0.7 元/度	550.9	以实际使用电量为理论使用电量的 86% 计
2	液碱(30% 液体)	400 kg	1.4 元/kg	560	添加量约 0.8 kg/m³ 废水
3	硫酸亚铁	200 kg	0.6 元/kg	120	添加量约 0.4 kg/m³ 废水
4	PAM(固体)	0	0	0	
5	硫酸(50% 液体)	50 kg	0.45 元/kg	22.5	添加量约 0.10 kg/m³ 废水
6	杀菌剂	5 kg	15 元/kg	75	添加量为 10 ppm
7	还原剂	2.5 kg	5 元/kg	12.5	添加量为 5 ppm
8	阻垢剂	2.5 kg	25 元/kg	62.5	添加量为 5 ppm
9	UF 前滤袋更换	4	40 元/个	160	
10	RO 前滤芯更换	3	40 元/个	120	
11	UF/RO 膜清洗	26 kg	18 元/kg	468	
	小计			2151.4	

注:划入生产每吨回用水所需的费用为 2151.4 元/d÷300 m³/d＝7.17 元/m³ 水(不含人工费、折旧费等相关费用)。

3.4.7.2　废水达标处理系统

废水处理设施废水量为 5684 m³/d(按一期 2842 m³/d 计)。表 3.4.10 为废水达标处理系统运行成本分析表。

表 3.4.10　废水达标处理系统运行成本分析表

序号	费用名称	每天用量	单价	每天费用(元)	备注
1	电费	4773 度/天	0.7 元/度	3341.1	以实际使用电量为理论使用电量的86%计
2	液碱(30%液体)	8534.25 kg	1.4 元/kg	11947.95	添加量约 1.5 kg/m^3 废水
3	硫酸亚铁	4507.2 kg	0.6 元/kg	2704.32	添加量约 0.8 kg/m^3 废水
4	硫酸(50%液体)	1633.4 kg	0.45 元/kg	735.03	添加量约 0.4 kg/m^3 废水
5	PAM(固体)	40.28 kg	20 元/kg	805.6	添加量约 0.01 kg/m^3 废水
6	次氯酸钠	55.5 kg	1.5 元/kg	83.25	添加量约 1 kg/m^3 废水
	小　计			19617.25	

注:① 划入处理每吨废水所需的费用为 19617.25 元/d÷2842 m^3/d=6.90 元/m^3 废水(不含人工费及污泥及废液处置费用);② 液碱加药量根据原水水质情况不同将产生变动,药剂单价随市场行情产生变动。

案例 5　某公司 600 MW HIT 生产线废水处理站工程

3.5.1　工程概况

由于技术革新和设备进步,某公司拟对原有生产线进行技术升级改造及扩产,建成后年产 600 MW 高效硅异质结太阳能(HIT)电池。

3.5.2　设计要求

本工程服务区域为该公司 FAB1 和 FAB2 技改扩建后产生的生产污水及生活污水。

3.5.2.1　项目废水产排污分析

厂区实行"清污分流、污污分流、分级控制"原则,拟设生产废水排水、生活污水排水和雨水排水三个排水系统。

1. 生产废水排水系统

项目生产工艺废水主要来自制绒清洗工序,主要包括浓氨废水、酸碱废水、含氟废水,废水量均为 534.0 m^3/d,送入废水处理站处理,达到市政接管水质标准后排入当地城市污水处理厂集中处理,达标后直排锦江。按照分质收集原则,要求生产车间产生的废水按分质收集排至废水处理站进行预处理。生产废水产生量统计见表 3.5.1。

表 3.5.1　生产废水产生量统计表

废水种类	产污生产线	平均排放量（L/h）	排放时长（h）	排放水量（m³/d）
浓氮废水（槽液）	FAB1 120 MW RCA	78	24	1.872
	FAB2 120 MW－1 RCA	78	24	1.872
	FAB2 120 MW－2 RCA	78	24	1.872
	小计			5.616
含氟废水	FAB1 120 MW RCA	3180	24	76.32
	FAB2 120 MW－1 RCA	3180	24	76.32
	FAB2 120 MW－2RCA	3180	24	76.32
	FAB1 120 MW O3	1590	24	38.16
	FAB2 120 MW O3	1590	24	38.16
	小计			305.28
碱性废水	FAB1 120 MW RCA	229	24	5.496
	FAB2 120 MW-1 RCA	229	24	5.496
	FAB2 120 MW-2 RCA	229	24	5.496
	FAB1 120 MW O3	151	24	3.624
	FAB2 120 MW O3	151	24	3.624
	小计			23.736
酸性废水	FAB1 120 MW RCA	1670	24	40.08
	FAB2 120 MW－1 RCA	1670	24	40.08
	FAB2 120 MW－2 RCA	1670	24	40.08
	FAB1 120 MW O3	1649	24	39.576
	FAB2 120 MW O3	1649	24	39.576
	小计			199.392
合计				534.024

2. 生活污水排水系统

根据环评报告,全厂生活污水水量约为 195 m³/d,经厂区现有工程已建预处理池处理后经厂区生活污水排放口排入园区污水管网,进入当地城市污水处理厂处理后进入锦江。

3. 雨水排水系统

本项目所在的园区内现有雨水排水系统,雨水收集后排入厂区雨水管道,然后排入城市雨水管网。

4. 事故废水收集

根据原 360 MW 生产线升级技改环评报告,全厂设事故应急池 260 m³。

本次废水处理站设计主要是针对全部生产废水、部分生活污水(废水处理站旁边就近的生活污水)、废气治理洗涤废水和事故废水的处理。根据废水产生量,并考虑一定余量,确定废水处理站处理规模为 700 m³/d。

3.5.2.2 设计进出水水质

1. 设计进水水质

本次废水处理站设计按项目生产废水特征分浓氨废水、酸碱废水、含氟废水三大类进行收集和处理。

根据环评报告的工程排污分析,三类废水污染物浓度如表 3.5.2 所示。

表 3.5.2 进水水质分析表

序号	污染物源		设计处理水量	单位	污染因子	设计水质
1	浓氨废水	RCA 生产线制绒工段预清洗工序,RCA 生产线制绒工段碱洗工序	7.0	m³/d	pH	9~10
					COD_{Cr}	350 mg/L
					NH_3-N	55500 mg/L
					TN	55500 mg/L
					SS	100 mg/L
2	含氟废水	RCA 生产线制绒工段酸洗工序,O3 生产线制绒工段酸洗工序	360	m³/d	pH	2~3
					COD_{Cr}	100 mg/L
					F^-	1120 mg/L
					NH_3-N	100 mg/L
					TN	890 mg/L
					SS	100 mg/L
3	酸碱废水	RCA 生产线制绒工段其他工序、O3 生产线制绒工段其他工序	298	m³/d	pH	3~11
					COD_{Cr}	300 mg/L
					NH_3-N	80 mg/L
					TN	80 mg/L
					SS	200 mg/L

为改善生产废水的可生化性,适当补充废水生化工段的碳源需求,拟将废水处理站就近的生活污水提升引入生化调节池,引入生活污水水量 35 m³/d,因此,工业废水与生活污水设计处理水量为 700 m³/d。

2. 出水水质要求

出水应达到《电池工业污染物排放标准》新建企业表 2 水质要求后,才能排入当地城市污水处理厂集中处理,达标后再排入锦江。出水水质指标表如表 3.5.3 所示。

表 3.5.3　出水水质指标表

排口	污染物种类	标准限值	执行标准
生产废水排口	pH	6~9	《电池工业污染物排放标准》（GB 30484—2013）中表 2
	COD（mg/L）	150	
	SS（mg/L）	140	
	TP（mg/L）	2	
	TN（mg/L）	40	
	氨氮（mg/L）	30	
	氟化物（以 F 计）（mg/L）	8	

3. 回用中水水质要求

根据业主要求，参照执行达到表 3.5.4 水质要求后，才能作为工厂回用水，回用作冷却塔、厂区绿化等用水。

表 3.5.4　回用水水质指标表

回用水	污染物种类	标准限值	执行标准
回用水池	pH	6~9	《城市污水再生利用 城市杂用水水质》（GB/T 18920—2002）中表 1
	COD（mg/L）	50	
	BOD_5（mg/L）	15	
	浊度（NTU）	10	
	氨氮（mg/L）	10	

3.5.3　技术及方案论证

3.5.3.1　主要目标污染物

通过对生产废水进水水质和出水水质的指标的比较，废水处理站主要需要去除的污染物为氟化物，因此，本方案在工艺设计时，重点针对氟化物去除进行考虑。

3.5.3.2　废水处理站站址

根据现场踏勘及结合环评报告，在原废水处理站南侧改建新废水处理站（图 3.5.1）。
供水水源：生活和生产用水量约为 3~5 m^3/d，由厂区给水管网供给。

3.5.3.3　废水处理工艺

根据前节论述，生产废水污染物有 pH、COD、氟化物和氨氮，主要污染物为氟化物，因此本次方案设计主要针对氟化物进行处理。

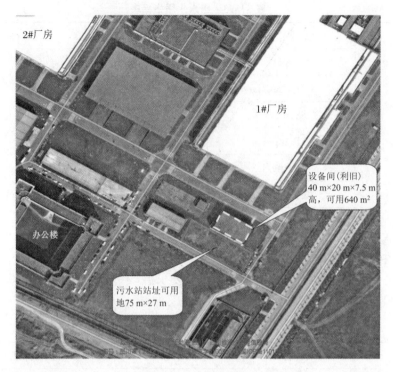

图 3.5.1 废水处理站

氟化物处理工艺介绍:目前国内外处理含氟废水的方法有多种,常用方法主要有沉淀法、混凝法、电凝聚法、离子交换法、吸附法和反渗透法等。

1. 沉淀法

几种典型的沉淀方法主要有石灰沉淀法、磷酸盐沉淀法和冰晶石沉淀法。对于较高浓度的含氟废水,投加石灰,使氟离子与钙离子生成氟化钙沉淀除去。石灰和硫酸钙价格便宜,但溶解度较小,只能以乳状液形式投加。由于生成的氟化钙沉淀包裹在 $Ca(OH)_2$ 或 $CaSO_4$ 颗粒表面,使之不能被充分利用,因而用量很大;投加石灰乳时,即使其用量大到使废水 pH 达到 12,也只能使废水中氟的浓度下降到 15 mg/L 左右,且水中悬浮物含量较高。采用可溶性钙盐($CaCl_2$)和石灰联合处理是钙盐沉淀法的一大进步。可溶性钙盐代替石灰,最终都是以难溶性氟化钙加以固定。

该工艺具有方法简单、处理方便、费用低等优点。

2. 混凝法

混凝沉淀法主要采用铁盐和铝盐两大类混凝剂除去工业废水中的氟。其机理是利用混凝剂所含金属离子在水中形成细微的胶核或绒絮体,利用这些带正电的胶粒吸附水中的 F^-,使胶粒相互凝聚为较大的絮状物沉淀,以达到除氟的目的。

絮凝沉淀法具有药剂投加量少、处理量大、一次处理后可达国家排放标准的优点。混凝剂经混凝作用在含氟水中产生絮状混凝吸附降氟。但絮凝沉淀处理费用较大,产生的污泥量多,氟离子去除效果受搅拌条件、沉降时间等操作因素及水中 SO_4^{2-}、Cl^- 等阴离子的影响较大,出水水质不够稳定。此外,大量的铁盐、铝盐投加会造成出水中铁、铝离子浓度增高,而水中过量铁、铝离子对人体的危害已越来越引起人们的关注。

3. 电凝聚法

电凝聚法是近年来研究开发的一种新型饮水除氟技术,主要利用电解原理对水进行除氟。在直流电场的作用下电凝聚装置中阳极上的铝板表面向溶液中定量溶出铝离子,同时阴极板产生等当量的 OH^-。由于电解产生的铝离子活性极强,可在电极表面与水产生不可逆的化学吸附,形成 $[Al(H_2O)_6]^{3+}$ 的水合络合物,然后在电极反应的表面催化作用下,形成多种水解缩合物(因 pH 不同而异),最后导致表面含有羟基的高分子线性物的形成、吸附作用的发生。其基本原理如下:

(1) 化学过程包括下列反应:

阴极反应:

$$Al \longrightarrow Al^{3+} + 3e^-$$

$$Al^{3+} + 6H_2O \longrightarrow [Al(H_2O)_6]^{3+}$$

阳极反应:

$$2H^+ + 2e^- \longrightarrow H_2 \uparrow$$

(2) $Al(OH)_3$ 对氟离子和氟络合物的絮凝吸附过程。

可以看出,利用电凝聚法除氟其实就是利用铝吸附剂对水中氟离子进行吸附,其作用机理主要为静电吸附和离子交换吸附。由于该法中铝离子直接来源于铝板电极,无需额外向水中投加药剂,从而避免了因投加药物引起水质改变这一问题的产生。此外,电凝聚除氟可以根据原水中氟含量,用调解电解电流强度的方法,控制出水含氟量。该方法具有设备简单、操作容易、运行稳定、可连续制水、易于实现自动控制等特点。在电凝聚过程中,由于阳极上发生的·OH 放电而生成氧化作用很强的新生态[O],使有机物或氰化物氧化分解成无害成分,也可使氯化物氧化成氯气或次氯酸盐,起到杀菌作用。

但是该法的最大不足就是电凝聚法除氟存在着电极钝化现象,电极钝化使除氟能力下降,导致外加直流电压升高,耗电增加,造成除氟效果和经济性能变差。使用后的极板结垢严重,垢物清除十分困难。因此应用电凝聚法除氟还需进一步解决电极钝化问题。

4. 离子交换法

主要采用阴离子交换树脂的离子交换作用达到除氟的目的,阴离子交换树脂对氟离子表现很低的选择性,其选择顺序是

$$SO_4^{2-} > I^- > NO_3^- > CrO_4^{2-} > Br^- > SCN^- > Cl^- > F^-$$

从选择顺序可以看出,阴离子交换树脂对氟的选择性比较靠后,溶液中的氟离子不能完全去除,同时溶液中共存的阴离子几乎全部能除去,由于饮用水中常含有 SO_4^{2-}、NO_3^-、Cl^- 等阴离子,竞争吸附的结果使阴离子交换树脂的除氟效果较差,一般交换容量在 1 mg F^-/g 树脂左右,同时用阴离子交换树脂除氟还需要较大的再生费用,所有这些都制约了将阴离子交换树脂作除氟剂的使用。因此离子交换树脂除氟很少在实际中应用。

5. 吸附法

吸附法就是利用多孔性物质使水中氟离子吸附在固体表面达到除氟目的的方法。操作时将吸附剂填入填充柱,采用动态吸附方式进行。这种方法操作简便,除氟效果较为稳定,价格便宜。因此吸附法一直是处理含氟废水的重要方法,用于含氟废水的深度处理方面,效果十分显著。

几种常见除氟吸附剂:

(1) 活性氧化铝法

在众多除氟吸附剂中,活性氧化铝是非常常用的吸附剂,其比表面一般为 $200\sim300\ m^2/g$,零电荷点为 8.2,具有多孔结构,大表面积且处于不稳定的过渡态。活性氧化铝是氢氧化铝在较低温度($400\sim600\ ℃$)下焙烧而成的一种 r 型氧化铝,与氟离子的交换反应如下:

$$Al_2O_3 \cdot Al_2(SO_4)_3 \cdot nH_2O + 6F^- \longrightarrow Al_2O_3 \cdot 2AlF_3 \cdot nH_2O + 3SO_4^{2-}$$

但对于其他阴离子亦有交换吸附作用,其交换吸附程序为

$$OH^- > PO_4^{3-} > F^- > SO_4^{2-} > Cl^- > NO_3^-$$

活性氧化铝的除氟机理是基于它特有的"孔道"内表面以及晶格缺陷,从而使它具有强力吸附作用,并在水溶液中有离子交换特性。

采用活性氧化铝除氟的突出缺点是滤料的吸附容量不高,同时还存在机械强度较差,处理水中硫酸根含量升高以及滤料再生后除氟效果下降等不足。

此法脱氟效果好,操作简便,除氟效果稳定,但本法反复再生使用时,交换容量下降,材料成本高,处理费用大,吸附容量低,处理水量小。

(2) 骨炭法

骨炭是以兽骨为原料,将其在 $350\sim600\ ℃$ 范围内加以处理,去掉有机质而得到的吸附剂。用于饮用水除氟的骨炭主要以牛骨做原料。骨炭主要成分是磷酸三钙和炭。磷酸三钙是由磷灰石[$3Ca_3(PO_4)_2 \cdot CaF_2$]组成的,当磷酸钙与水接触,水解生成难溶于水的羟基磷酸钙 $Ca_{10}(PO_4) \cdot (OH)_2$ 可与水中的氟离子进行交换。

$$Ca_{10}(PO_4) \cdot (OH)_2 + 2F^- \longrightarrow Ca_{10}(PO_4)F_2 + 2OH^-$$

骨炭具有较大的比表面积,有良好的吸附性能($10^2\ g\ F^-/m^3BB$),可将高氟水的浓度降低到 $1.0\ mg/L$ 以下。骨炭溶于酸,除氟能力受 pH 影响小,但再生后降氟能力的恢复往往不理想。骨炭对砷含量高的水是不宜应用的。由于骨炭溶于酸,使用该方法时应控制 $pH>7$,以减少损失量,其主要缺点是骨炭机械强度较低,操作不当则容易造成流失。

(3) 黏土法

黏土矿物的主要成分是氧化硅、氧化铝、氧化钙等,其孔隙率为 0.33,比表面积大。黏土矿物不仅具有良好的吸附活性,还因为含有铝盐硅酸盐而具有混凝效能,因此,可以吸附许多有毒有害离子。如果在黏土矿物的基础上再加上一种高分子絮凝剂,这样制备的吸附剂不仅具有良好的吸附性能,而且无毒,是一种环保型前景可观的吸附剂。

(4) 沸石法

沸石是一种含水的格架状的硅铝酸盐矿物,硅氧四面体通过公用顶点彼此连接成各种形式的格架,硅氧四面体的硅可被铝置换而形成铝氧四面体。在沸石的硅-铝氧格架中有很多的通道和孔穴,通常这些通道和孔穴由水分子填充。由于硅被铝置换而产生的电荷不平衡,一般由碱金属和碱土金属来补偿。因通道内的水分子、碱金属和碱土金属与四面体联结得相当松弛,又易被逐出或置换,使得沸石具有分子筛特性——吸附作用、离子交换作用和催化作用。作为沸石主要成分之一的氧化铝,其水解与铝盐相似,铝盐水解和铝胶体带正电的性质,使沸石能够吸附电负性极强的氟离子。天然沸石经化学改性后,对氟离子具有高选择的交换性能,吸氟后的沸石可用复合铝盐解吸再生,反复使用。

(5) 蛇纹石法

蛇纹石的分子式为 $Mg(OH)_8(Si_4O_{10})$,是一种富镁矿物。国内的蛇纹石储量巨大,易于

露天开采,由于制备除氟滤料工艺简单、价格便宜、脱附能力强、对人体无害,因此值得进一步开发应用。蛇纹石具有特殊的化学组成和网状结构,具有很大的比表面积和能与氟离子交换的羟基基团。蛇纹石的表面具有离子交换和吸附作用的双重特性,在酸性、中性及碱性介质中,它均有很好的除氟作用。蛇纹石用 2%明矾处理后用于饮水除氟,然后加 2%明矾再生后,蛇纹石的平均除氟量为 0.095 mg/g。

(6) 粉煤灰法

粉煤灰中含有活性氧化铝,无定形碳等二级粉煤灰为原料,添加氯化镁、硫酸铝制成粉煤灰复合吸附剂用于除氟。处理 50 mg/L 高氟水,当投加量为 0.6%～0.8%时,去除率达到 90%以上,达到排放标准。由于粉煤灰复合吸附剂所需的原料易得,除氟后的吸附剂没有必要脱氟再生,可将原料固化制成建筑用砖合理利用。

(7) 稀土类吸附剂法

稀土类金属配合物是新型材料的代表,其吸附容量大、污染小和操作方便等独特的性能越来越受到人们的青睐。稀土元素有较大的离子半径,其核外电子的空轨道较多,对羟基氧的极化作用较小,表面羟基易于解离。有研究表明,锆盐对氟的去除效果较好。二氧化锆是唯一同时具有表面酸性位和碱性位的过渡金属氧化物,同时还有优良的离子交换性能及表面富集的氧缺位,纳米介孔二氧化锆样品除具有发达的介孔结构外,其孔壁还具有丰富的微孔分布。多孔微粒氧化锆是一种新型除氟吸附剂,该吸附剂的有效成分是水合氧化锆,水合氧化锆与水溶液中的氟离子生成络合物 $H_2[ZrF_6]$,该络合物不溶于水,可生成沉淀,最终达到除氟的目的。其反应方程式如下:

$$ZrOCl_2 + xH_2O \longrightarrow ZrO(x-1)H_2O + 2HCl$$
$$ZrO_2 + 6F^- + 4H_2O \longrightarrow H_2[ZrF_6] + 6OH^-$$

吸附法除氟效果的好坏主要取决于吸附剂的种类和质量。总体来讲,现有吸附剂的吸附容量偏低。吸附法中选择合适的吸附剂非常关键。吸附除氟的关键是研制高效、廉价、易再生和长寿命的优质吸附剂。

6. 反渗透法

反渗透技术是近年来迅速发展起来的膜分离技术,该技术是利用反渗透膜选择性的只能透过溶剂(通常是水)而截流离子物质的特性,以膜两侧压力差为推动力,克服溶剂的渗透压,使溶剂通过反渗透而实现对液体混合物进行分离的过程。在反渗透过程中利用压力使水分子压过半透膜,大多数可溶性离子都不能通过半透膜,因此氟离子和盐被脱除。

此法操作简便、能耗低、试剂用量少、有机相可以重复利用、设备也比较简单,多用于低含氟水处理,不适用于溶解性固体含量高的含氟水处理;由于在压力条件下作业,对半透膜的质量、运行管理要求高,处理成本也高。

几种常用的氟化物处理工艺比较见表3.5.5。

本废水处理站进水为工业废水,污染物浓度较高,污染物成分复杂,废水中氟离子浓度高。

表 3.5.5 几种不同除氟工艺比较

除氟技术类型		优 点	缺 点
沉淀法		简单、处理方便、费用低	泥渣沉降缓慢、脱水困难
混凝法		药剂投加量少、处理量大、一次处理后可达国家排放标准	工艺复杂,存在铁盐对设备有腐蚀性,需调 pH
电凝聚法		设备简单、操作容易、运行稳定、可连续制水、易于实现自动控制	除氟过程存在着电极钝化现象,会造成除氟效果和经济性能变差
离子交换法		不用投加药剂,效果良好,去除率可达 60%～80%,还可降低高氟水的含盐量,可自动化操作,管理容易	容易导致阴、阳离子膜的极化结垢,需要对水进行预处理,投资成本大,运行成本太高
反渗透法		操作简便,试剂用量少,有机相可以重复利用,设备比较简单	对半透膜的质量、运行管理要求高,处理成本高
吸附法	活性氧化铝法	脱氟效果好,容量稳定,操作简便	滤料的吸附容量不高,机械强度较差,处理水量小
	骨炭法	吸附性能好,骨炭易溶于酸,除氟能力受 pH 影响小	骨炭机械强度较低,操作不当则容易造成流失
	黏土法	可以吸附许多有毒有害离子,良好的吸附性能,而且无毒	处理效率低,处理时间长
	沸石法	脱氟效果较好,对氟离子具有高选择的交换性能,沸石可以反复使用	处理时间较长,需调 pH
	蛇纹石法	工艺简单、价格便宜、脱附能力强、对人体无害	处理效率较低,原料来源少
	稀土类吸附剂法	吸附容量大、污染小和操作方便	难于直接应用于水处理过程

吸附法、离子交换法、电凝聚法以及反渗透法均能将氟离子处理到较低的浓度,但是这几种方法对进水水质要求较高,要求进水中污染物浓度低,悬浮物含量少,并且该几种方法均只适合于处理氟离子浓度较低的废水。由于本项目废水氟离子浓度高(约为 1000 mg/L),因此,不适合于用这几种方法进行处理。同时,采用反渗透法和离子交换法存在成本较高、投资较大的缺点;采用电凝聚法存在电极钝化等缺点,且该技术目前并未成熟,用于工程实践较少;采用吸附法存在吸附剂用量大,选择性较差等缺点。

因此,本方案推荐采用沉淀法和混凝法两种工艺组合处理废水中的氟离子,该种工艺具有处理效果好,处理成本低,运行管理方便,投资少,技术成熟等优点。

3.5.4 废水处理工艺说明

根据前面分析,本废水处理站废水采用两级分段除氟组合的工艺去除水中的氟化物。工艺流程框图见图 3.5.2。

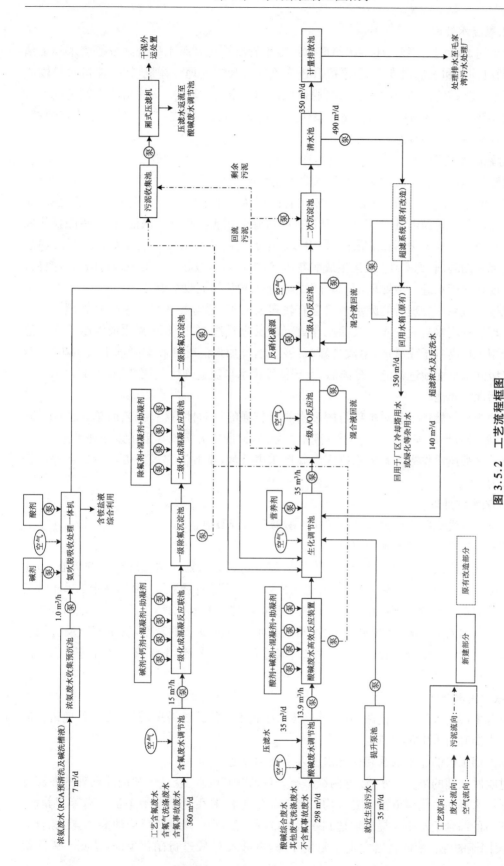

图 3.5.2 工艺流程框图

1. 浓氨废水处理

生产车间 RCA 生产线产生的浓氨废水经专用管路输送到废水处理站浓氨废水收集预沉池中，通过预沉和水量调节后，用泵提升进入氨吹脱吸收处理一体机，在一体机吹脱段加入碱性药剂，使浓氨废水的 pH 达到 12，通过风机鼓入空气吹脱氨，吹脱出的含氨废气进入吸收段，在吸收段加入酸性药剂，在循环泵作用下喷淋吸收氨，形成铵盐溶解于水中，吹脱后的废水进入酸碱废水调节池。

2. 含氟废水处理

含氟废气洗涤废水作为含氟废水排入含氟废水调节池。

生产车间生产线产生的含氟废水经专用管路输送到废水处理站含氟废水调节池中，通过空气搅拌调节水质和水量后，用泵提升进入一级除氟化成混凝反应联池，在一级除氟化成混凝反应联池加入氢氧化钙和氯化钙，利用石灰中的钙离子与氟离子生成 CaF_2 沉淀，通过加入混凝剂和助凝剂，把 CaF_2 凝集生成矾花沉淀，再进入一级除氟沉淀池进行渣水分离后，上部低浓度含氟废水进一步处理，下部含水污泥进入物化污泥收集池。

仅经过一级除氟处理后的废水中仍含有较多氟离子，还需要进行二级除氟处理。经一级除氟处理后的废水自流进入二级除氟化成混凝反应联池，在二级除氟化成混凝反应联池加入复合型无机高分子除氟剂，生成含氟沉淀物，通过加入混凝剂和助凝剂生成矾花沉淀，再进入二级除氟沉淀池进行渣水分离后，上部低氟废水自流进入生化调节池，下部含水污泥进入物化污泥收集池。

由于两级除氟处理工艺对本项目的废水具有较强的针对性，具有工艺简单、投资节约、操作方便、处理效果好等特点，适合于本废水的处理，因此本方案推荐采用该处理工艺。

含氟的事故废水作为含氟废水排入含氟废水事故池，事故池容积按更新后的环评报告论证结果为准。

3. 酸碱废水处理

不含氟废气洗涤废水作为酸碱废水排入酸碱废水调节池。

压滤机滤液进入酸碱废水调节池。

生产车间生产线产生的酸碱废水经专用管路输送到废水处理站酸碱废水调节池中，通过空气搅拌调节水质和水量后，用泵提升进入酸碱废水高效反应装置，根据原水的 pH 状况确定加酸或加碱，当原水呈酸性时，在一体机的反应段加入氢氧化钙，当原水呈碱性时，在一体机的反应段加入稀盐酸，使废水呈中性，再通过加入混凝剂和助凝剂，发生絮凝反应经一体机的沉淀段进行渣水分离后，上部处理水自流进入生化调节池，下部含水污泥进入物化污泥收集池。

4. 综合废水处理

为改善生产废水的可生化性，适当补充废水生化工段的碳源需求，拟将废水处理站就近的生活污水提升引入生化调节池。

中水回用工段的超滤浓水和反洗水进入生化调节池。

经过吹脱处理的浓氨废水、经过两级除氟处理的含氟废水、经过中和沉淀处理的酸碱废水和生活污水等在生化调节池中混合均匀形成综合废水，在生化调节池中加入磷等营养剂，调节均化后的综合废水用泵提升输送到一级 AO 反应池，在一级 AO 反应池的 A 段，综合废水与 O 段回流的混合液混合后发生反硝化反应，再进入 O 段进行硝化反应，达到一级除氨脱氮的效果。

经一级 AO 反应池脱氮的废水自流进入二级 AO 反应池,在二级 AO 反应池的 A 段加入反硝化碳源,综合废水与 O 段回流的混合液混合后发生反硝化反应,再进入 O 段进行硝化反应,达到二级除氨脱氮的效果。

经二级除氨脱氮反应的废水进入二次沉淀池中进行泥水分离后,上部处理水自流进入清水池,下部含水污泥回流到一级 AO 反应池,剩余污泥进入生化污泥收集池。

清水池中的处理水用泵输送到原有超滤系统处理后作为回用水。剩余处理水进入计量排放池,经计量后外排入市政管网,再进入园区当地城市污水处理厂处理,达标后排入环境水体。

5. 中水回用处理

清水池中的处理水用泵输送到原超滤系统(改造后)进行处理,超滤出水进入回用水池,用泵加压输送回用于厂区作为冷却塔用水或绿化等杂用水。超滤浓水及反洗水进入酸碱废水调节池。

6. 污泥脱水处理

所有污泥进入污泥收集池,再采用厢式压滤机脱水后交由有处理资质的单位外运处置。

3.5.5　工艺设计

3.5.5.1　工艺流程图

根据前章的论述,确定废水处理流程如图 3.5.2 所示。

3.5.5.2　主要处理设施设备设计

本次废水处理站设计处理规模为 700 m³/d,按每天 24 h 运行,废水处理站按 29.2 m³/h 进行设计。

结合本工程实际情况就各处理单元设计与选型分别叙述如下:

1. 事故池

功能:收集事故排水,通过水泵提升进入废水处理站进行处理。

土建尺寸:65 m² × 4.5 m。超高:0.5 m。结构形式:钢筋混凝土结构。有效容积:260 m³。总容积:293 m³。搅拌方式:压缩空气搅拌。

主要设备及选型如下:

(1) 事故废水转水泵

数量:1 台。规格:$Q = 10$ m³/h,$H = 10$ m,$N = 0.75$ kW,耐腐蚀。过流介质:工业废水,氟化物含量高,酸性。

(2) 穿孔曝气管

材质:UPVC。数量:1 套。

2. 浓氨废水处理

(1) 浓氨废水收集预沉池(加盖封闭)

功能:收集浓氨废水,进行初步沉淀。土建尺寸:4 m² × 3.5 m。超高:0.5 m。结构形式:钢筋混凝土结构。有效容积:12 m³。总容积:14 m³。

主要设备及选型如下:

① 浓氨废水提升泵(离心泵)

数量:2台,一用一备。规格:$Q = 5$ m³/h,$H = 8$ m,$N = 0.55$ kW,耐腐蚀。过流介质:工业废水,碱性。

② 超声波液位计

量程:0~3 m。数量:1套。

(2) 浓氨废水吹脱吸收处理一体机

功能:吹脱氨,吸收氨气。设备基础土建尺寸:5 m×3 m。

基础结构形式:钢筋混凝土结构。

主要设备及选型:浓氨废水吹脱吸收处理一体机。

数量:1台。规格:$Q = 1.0$ m³/h,$N = 5.1$ kW。过流介质:工业废水,碱性。主要材质:PP。

3. 含氟废水处理

(1) 含氟废水调节池(加盖封闭)

功能:调节含氟废水水质水量。调节时间:8 h。土建尺寸:30 m²×4.5 m。超高:0.5 m。结构形式:钢筋混凝土结构。有效容积:120 m³。总容积:135 m³。搅拌方式:压缩空气搅拌。防腐措施:内衬玻璃钢防腐,三油两布。

主要设备及选型如下:

① 含氟废水提升泵(自吸式污水泵)

数量:2台,一用一备。规格:$Q = 20$ m³/h,$H = 10$ m,$N = 1.5$ kW,耐腐蚀。过流介质:工业废水,氟化物含量高,酸性。

② 穿孔曝气管

材质:UPVC。数量:1套。

③ 超声波液位计

量程:0~5 m。数量:1套。

④ 氟离子计

量程:0~1000 mg/L。数量:1套。

(2) 一级化成混凝反应联池

功能:沉淀法除氟。停留时间:35 min,其中化成段 15 min,混凝段 10 min,助凝段 10 min。土建尺寸:6 m²×1.8 m。超高:0.3 m。结构形式:钢筋混凝土结构。有效容积:9 m³。总容积:10.8 m³。搅拌方式:机械搅拌。防腐措施:内衬玻璃钢防腐,三油两布。

主要设备及选型:反应搅拌机。

数量:3台。规格:$R = 60$~120 r/min,$N = 0.75$ kW。过流介质:含氟废水。主要材质:桨轴304不锈钢。

(3) 一级除氟沉淀池

功能:一级除氟泥水分离。土建尺寸:10 m²×6.0 m。超高:0.4 m。表面负荷:1.5 m³/(m²·h)。结构形式:钢筋混凝土结构。有效容积(不含泥斗):30 m³。总体积:60 m³。

主要设备及选型如下:

① 中心管组件(包括导流筒、集水堰、支架等)

数量:1套。规格:$\Phi450$ mm。过流介质:含氟废水。

② 高效沉淀斜管

数量:10 m²。规格:$\Phi80$ mm。材质:玻璃钢。过流介质:含氟废水。

③ 一级除氟沉淀池排泥泵(离心式污水泵)

数量:2台,一用一备。规格:$Q = 15$ m³/h,$H = 10$ m,$N = 1.1$ kW。

(4)二级化成混凝反应联池

功能:沉淀法除氟。停留时间:35 min,其中化成段停留15 min,混凝段停留10 min,助凝段10 min。土建尺寸:6.8 m²×1.8 m。超高:0.5 m。结构形式:钢筋混凝土结构。有效容积:8.8 m³。总容积:12.2 m³。搅拌方式:机械搅拌。防腐措施:内衬玻璃钢防腐,三油两布。

主要设备及选型:反应搅拌机。

数量:3台。规格:$R = 60\sim120$ r/min,$N = 0.75$ kW。过流介质:含氟废水。

主要材质:桨轴304不锈钢。

(5)二级除氟沉淀池

功能:二级除氟泥水分离。土建尺寸:10 m²×6.0 m。超高:0.6 m。表面负荷:1.5 m³/(m²·h)。结构形式:钢筋混凝土结构。有效容积(不含泥斗):30 m³。总体积:60 m³。

主要设备及选型:

① 中心管组件(包括导流筒、集水堰、支架等)

数量:1套。规格:$\Phi450$ mm。过流介质:含氟废水。

② 高效沉淀斜管

数量:10 m²。规格:$\Phi80$ mm。材质:玻璃钢。过流介质:含氟废水。

③ 一级除氟沉淀池排泥泵(离心式污水泵)

数量:1台(与一级除沉淀池排泥泵共备用)。规格:$Q = 15$ m³/h,$H = 10$ m,$N = 1.1$ kW。

4. 酸碱废水处理

(1)酸碱废水调节池(加盖封闭)

功能:调节酸碱废水水质水量,促使酸性废水与碱性废水自中和反应。调节时间:12 h。土建尺寸:38 m²×4.5 m。超高:0.5 m。结构形式:钢筋混凝土结构。有效容积:150 m³。总容积:171 m³。搅拌方式:压缩空气搅拌。防腐措施:内衬玻璃钢防腐,三油两布。

主要设备及选型如下:

① 酸碱废水提升泵(自吸式污水泵)

数量:2台,一用一备。规格:$Q = 15$ m³/h,$H = 10$ m,$N = 1.1$ kW,耐腐蚀。过流介质:工业废水,酸性与碱性交替。

② 穿孔曝气管

材质:UPVC。数量:1套。

③ 超声波液位计

量程:0~5 m。数量:1套。

（2）酸碱废水高效反应装置

功能：利用巧妙的反应装置设计，实现高效反应、沉淀法处理酸碱废水。设备基础土建尺寸：5 m×3 m。基础结构形式：钢筋混凝土结构。

主要设备及选型：

① 酸碱废水高效反应装置

数量：1台。规格：$Q=15$ m³/h，$N=2.4$ kW。过流介质：工业废水，酸性与碱性交替。主要材质：碳钢内衬玻璃钢防腐，三油两布。

说明：成套设备，包括反应段、反应搅拌机、在线 pH 计、高效率沉淀段、排泥泵等。

5．综合废水处理

（1）生化调节池（加盖封闭）

功能：调节均化综合废水水质水量。调节时间：4 h。土建尺寸：35 m²×4.5 m。超高：0.5 m。结构形式：钢筋混凝土结构。有效容积：140 m³。总容积：158 m³。搅拌方式：空气搅拌。

主要设备及选型如下：

① 生活污水提升泵（潜污泵）

数量：2台，一用一备。规格：$Q=10$ m³/h，$H=10$ m，$N=0.75$ kW。过流介质：生活污水。

② 综合废水提升泵（自吸式污水泵）

数量：2台，一用一备。规格：$Q=40$ m³/h，$H=10$ m，$N=2.2$ kW，耐腐蚀。过流介质：综合废水。

③ 穿孔曝气管

材质：UPVC。数量：1套。

④ 超声波液位计

量程：0～5 m。数量：1套。

（2）一级 AO 反应池（12 h）

功能：综合废水一级除氨脱氮处理。土建尺寸：89 m²×6.0 m。超高：0.5 m。结构形式：钢筋混凝土结构。有效容积：490 m³。总容积：534 m³。

主要设备及选型如下：

① 脉冲水解布水器

数量：2台。规格：$Q=20$ m³/h，$T=4:1$。过流介质：综合废水。

② 曝气器（包括布气管）

数量：140套。规格：$\Phi300$ mm。主材：EPDM。

③ 一级 AO 池混合液回流泵（潜污泵）

数量：3台，两用一备。规格：$Q=50$ m³/h，$H=7$ m，$N=2.2$ kW。过流介质：综合废水。

（3）二级 AO 反应池

功能：综合废水二级除氨脱氮处理。土建尺寸：66 m²×6.0 m。超高：0.7 m。结构形式：钢筋混凝土结构。有效容积：350 m³。总容积：396 m³。

主要设备及选型如下：

① 潜水搅拌机

数量:4台。规格:$D = 260$ mm,$R = 740$ r/min,$N = 0.85$ kW。过流介质:综合废水。

② 曝气器(包括布气管)

数量:106套。规格:$\Phi 300$ mm。主材:EPDM。

③ 二级 AO 池混合液回流泵(潜污泵)

数量:2台。规格:$Q = 50$ m³/h,$H = 7$ m,$N = 2.2$ kW。过流介质:综合废水。

(4)二次沉淀池

功能:综合废水泥水分离。土建尺寸:50 m²$\times 6.0$ m。超高:0.8 m。表面负荷:0.7 m³/(m²·h)。结构形式:钢筋混凝土结构。有效容积(不含泥斗):70 m³。总体积:300 m³。

主要设备及选型如下:

① 中心管组件(包括导流筒、集水堰、支架等)

数量:2套。规格:$\Phi 550$ mm 过流介质:综合废水。

② 二沉池回流泵(离心式污水泵)

数量:3台,两用一备。规格:$Q = 15$ m³/h,$H = 10$ m,$N = 1.1$ kW。

(5)清水池

功能:收集二沉淀上清液。土建尺寸:18 m²$\times 4.5$ m。超高:0.5 m。结构形式:钢筋混凝土结构。有效容积:70 m³。总体积:81 m³。

主要设备及选型:

① 回用水加压泵(安装于回用水箱)

数量:2台,一用一备。规格:$Q = 20$ m³/h,$H = 25$ m,$N = 4.0$ kW。

② 超声波液位计

量程:$0\sim 5$ m。数量:1套。

(6)计量排放池

功能:处理排水计量排放。

土建尺寸:2 m²$\times 1.5$ m。超高:0.5 m。结构形式:钢筋混凝土结构。有效容积:2 m³。总体积:3 m³。

主要设备及选型:巴歇尔流量计。

数量:1台。规格:$2\#$巴氏槽,$0\sim 47.5$ m³/h,配数字显示仪。

6. 回用水处理

(1)超滤处理系统(已建,改造)

功能:超滤法回收中水。

主要设备及选型:超滤成套系统。

数量:2套。超滤膜规格:HUF-225,$Q = 20$ m³/h。

过流介质:综合废水,中性。

7. 污泥脱水处理

污泥收集池:

功能:收集储存所有废水处理污泥。

土建尺寸:15 m²$\times 4.5$ m。超高:0.5 m。结构形式:钢筋混凝土结构。有效容积:60 m³。总体积:68 m³。

主要设备及选型：

① 穿孔搅拌管

数量：1套。材质：UPVC。

② 气动隔膜泵

数量：3台（两用一备）。规格：$Q = 2\sim 12\ \text{m}^3/\text{h}$，$P = 0.6\ \text{MPa}$。

③ 隔膜压滤机（厢式，液压保压、自动拉板卸料）

数量：2台。规格：过滤面积 $60\ \text{m}^2$，$N = 2.2\ \text{kW}$。

④ 压滤机支架及干泥斗

数量：2套。规格：$V = 2000\ \text{L}$。

8. 综合厂房（设施利旧）

（1）鼓风机室

① 搅拌罗茨鼓风机

功能：用于调节池等加压空气搅拌。数量：2台（一用一备）。规格：$Q = 3.93\ \text{m}^3/\text{min}$，$P = 0.05\ \text{MPa}$，$N = 5.5\ \text{kW}$。

② 曝气罗茨鼓风机

功能：用于充氧曝气。数量：2台（一用一备）。规格：$Q = 9.36\ \text{m}^3/\text{min}$，$P = 0.06\ \text{MPa}$，$N = 15\ \text{kW}$。

（2）加药间

功能：用于废水处理中化学药品投药。

① 石灰乳加药装置

$Ca(OH)_2$ 采用生石灰溶解后投加。

数量：1套。材质：碳钢内衬玻璃钢防腐，三油两布。规格：$V = 2000\ \text{L}$，$Q = 500\ \text{L/h}$，含槽体、干粉投加器、搅拌机、隔膜计量泵等，总功率 $1.9\ \text{kW}$，投药点一个。

② 钙盐加药装置

功能：用于钙盐溶药与投药。

数量：1套。材质：碳钢内衬玻璃钢防腐，三油两布。规格：$V = 2000\ \text{L}$，$Q = 240\ \text{L/h}$，含槽体、搅拌机、隔膜计量泵等，总功率 $1.0\ \text{kW}$，投药点 1 个。

③ 除氟剂加药装置

功能：用于除氟剂溶药与投药。

数量：1套。材质：碳钢内衬玻璃钢防腐，三油两布。规格：$V = 2000\ \text{L}$，$Q = 240\ \text{L/h}$，含槽体、搅拌机、隔膜计量泵等，总功率 $1.0\ \text{kW}$，投药点 1 个。

④ 碱剂加药装置

功能：用于碱剂溶药与投药。

数量：1套。材质：碳钢内衬玻璃钢防腐，三油两布。规格：$V = 2000\ \text{L}$，$Q_1 = 240\ \text{L/h}$，$Q_2 = 240\ \text{L/h}$，含槽体、搅拌机、隔膜计量泵等，总功率 $1.25\ \text{kW}$，投药点 2 个。

⑤ 酸剂加药装置

功能：用于酸剂投药。

数量：1套。材质：碳钢内衬玻璃钢防腐，三油两布。规格：$V = 2000\ \text{L}$，$Q_1 = 120\ \text{L/h}$，$Q_2 = 240\ \text{L/h}$，含槽体、隔膜计量泵等，总功率 $0.5\ \text{kW}$，投药点 2 个。

⑥ 混凝剂加药装置

功能：用于混凝剂溶药与投药。

数量：1 套。材质：碳钢内衬玻璃钢防腐，三油两布。规格：$V = 2000$ L，$Q_1 = 170$ L/h，$Q_2 = 170$ L/h，$Q_3 = 170$ L/h，含槽体、搅拌机、隔膜计量泵等，总功率 1.5 kW，投药点 3 个。

⑦ 助凝剂加药装置

功能：用于助凝剂溶药与投药。

数量：1 套。材质：碳钢内衬玻璃钢防腐，三油两布。规格：$V = 2000$ L，$Q_1 = 170$ L/h，$Q_2 = 170$ L/h，$Q_3 = 170$ L/h，含槽体、搅拌机、隔膜计量泵等，总功率为 1.5 kW，投药点 3 个。

⑧ 营养剂加药装置

功能：用于营养剂溶药与投药。

数量：1 套。材质：碳钢内衬玻璃钢防腐，三油两布。规格：$V = 2000$ L，$Q = 120$ L/h，含槽体、搅拌机、隔膜计量泵等，总功率为 1.0 kW，投药点 1 个。

⑨ 反硝化碳源加药装置

功能：用于反硝化碳源溶药与投药。

数量：1 套。材质：碳钢内衬玻璃钢防腐，三油两布。规格：$V = 2000$ L，$Q = 120$ L/h，含槽体、搅拌机、隔膜计量泵等，总功率为 1.0 kW，投药点 1 个。

（3）除臭间

活性炭除臭系统：

数量：1 套。规格：$Q = 6000$ m³/h，$N = 5.5$ kW。注：成套设备，包括引风机、风管、活性炭除臭器、排空管等。

9. 中控室（设置于综合楼的厂务值班室）

（1）PLC 中控柜

数量：1 套。规格：GGD（800 mm×600 mm×2200 mm。

（2）计算机监控系统（含工控机、彩显及 UPS 电源、通信电缆等）

数量：1 套。

（3）配电柜

数量：3 套。规格：GGD（800 mm×600 mm×2200 mm）。

（4）变频柜

数量：1 套。规格：GGD（800 mm×600 mm×2200 mm）。

10. 废水处理设备遮雨棚

功能：废水处理设备遮雨棚。

尺寸：50 m²×6.0 m。结构形式：轻钢结构。

3.5.6 主要工程量统计

主要工程量统计表如表 3.5.6～表 3.5.8 所示。

表 3.5.6 构建筑物一览表

序号	项目名称	规　格	数量	单位	备注
1	事故池	65 m² × 4.5 m	1	座	
2	浓氨废水收集预沉池	4 m² × 3.5 m	1	座	
3	浓氮废水吹脱吸收处理一体机设备基础	5 m × 3 m	1	座	
4	含氟废水调节池	30 m² × 4.5 m	1	座	
5	一级化成混凝反应联池	6 m² × 1.8 m	1	座	分3格
6	一级除氟沉淀池	10 m² × 6.0 m	1	座	
7	二级化成混凝反应联池	6.8 m² × 1.8 m	1	座	分3格
8	二级除氟沉淀池	10 m² × 6.0 m	1	座	
9	酸碱废水调节池	38 m² × 4.5 m	1	座	
10	酸碱废水高效反应装置设备基础	5 m × 3 m	1	座	
11	生化调节池	35 m² × 4.5 m	1	座	
12	一级 AO 反应池	89 m² × 6.0 m	1	座	分2格
13	二级 AO 反应池	66 m² × 6.0 m	1	座	分2格
14	二次沉淀池	50 m² × 6.0 m	1	座	分2格
15	清水池	18 m² × 4.5 m	1	座	
16	计量排放池	2 m² × 1.5 m	1	座	
17	污泥收集池	15 m² × 4.5 m	1	座	
18	池体防腐工程(三油两布)		1	批	
19	综合厂房隔间改造	—	1	座	
20	废水处理设备遮雨棚	50 m² × 6.0 m	1	座	

表 3.5.7 主要工艺设备材料一览表

序号	名称	规格或参数	数量	单位
1	事故废水转水泵	$Q = 10 \text{ m}^3/\text{h}, H = 10 \text{ m}, N = 0.75 \text{ kW}$	1	台
2	事故池空气搅拌管	DN65~DN25	1	套
3	浓氨废水提升泵	$Q = 5 \text{ m}^3/\text{h}, H = 8 \text{ m}, N = 0.55 \text{ kW}$	2	台
4	浓氨废水吹脱吸收处理一体机	$Q = 1.0 \text{ m}^3/\text{h}, N = 5.1 \text{ kW}$	1	台
5	含氟废水提升泵	$Q = 20 \text{ m}^3/\text{h}, H = 10 \text{ m}, N = 1.5 \text{ kW}$	2	台

续表

序号	名称	规格或参数	数量	单位
6	含氟废水调节池空气搅拌管	DN65～DN25	1	套
7	一级除氟反应搅拌机	$R = 60 \sim 120$ r/min, $N = 0.75$ kW	3	台
8	一级除氟沉淀池中心管组件	$\Phi 450$ mm	1	套
9	一级除氟高效沉淀斜管	$\Phi 80$ mm	10	m^2
10	一级除氟沉淀池排泥泵	$Q = 15$ m^3/h, $H = 10$ m, $N = 1.1$ kW	2	台
11	二级除氟反应搅拌机	$R = 60 \sim 120$ r/min, $N = 0.75$ kW	3	台
12	二级除氟沉淀池中心管组件	$\Phi 450$ mm	1	套
13	二级除氟高效沉淀斜管	$\Phi 80$ mm	10	m^2
14	二级除氟沉淀池排泥泵	$Q = 15$ m^3/h, $H = 10$ m, $N = 1.1$ kW	1	台
15	酸碱废水提升泵	$Q = 15$ m^3/h, $H = 10$ m, $N = 1.1$ kW	2	台
16	酸碱废水调节池空气搅拌管	DN65～DN25	1	套
17	酸碱废水高效反应装置	$Q = 15$ m^3/h, $N = 2.4$ kW	1	台
18	生活污水提升泵	$Q = 10$ m^3/h, $H = 10$ m, $N = 0.75$ kW	2	台
19	综合废水提升泵	$Q = 40$ m^3/h, $H = 10$ m, $N = 2.2$ kW	2	台
20	生化调节池空气搅拌管	DN65～DN25	1	套
21	脉冲水解布水器	$Q = 20$ m^3/h, $T = 4 : 1$	2	套
22	潜水搅拌机	$D = 260$ mm, $R = 740$ r/min, $N = 0.85$ kW	4	台
23	曝气器	$\Phi 300$ mm	246	套
24	混合液回流泵	$Q = 50$ m^3/h, $H = 7$ m, $N = 2.2$ kW	5	台
25	二沉池中心管组件	$\Phi 550$ mm	2	套
26	二沉池污泥回流泵	$Q = 15$ m^3/h, $H = 10$ m, $N = 1.1$ kW	3	台
27	巴歇尔流量计	2♯巴氏槽, $0 \sim 47.5$ m^3/h	1	套
28	回用水加压泵	$Q = 20$ m^3/h, $H = 25$ m, $N = 4.0$ kW	2	台
29	污泥池空气搅拌管	DN65～DN25	1	套
30	气动隔膜泵	$Q = 2 \sim 12$ m^3/h, $P = 0.6$ MPa	3	台
31	厢式压滤机	X10 MZgF 220/1250	2	台

序号	名称	规格或参数	数量	单位
32	压滤机支架及干泥斗	$V = 2000$ L	2	套
33	搅拌罗茨鼓风机	$Q = 3.93$ m^3/min,$P = 0.05$ MPa,$N = 5.5$ kW	2	台
34	曝气罗茨鼓风机	$Q = 9.36$ m^3/min,$P = 0.06$ MPa,$N = 15$ kW	2	台
35	石灰乳加药装置	$V = 2000$ L,$Q = 500$ L/h,$N = 1.9$ kW	1	套
36	钙盐加药装置	$V = 2000$ L,$Q = 240$ L/h,$N = 1.0$ kW	1	套
37	除氟剂加药装置	$V = 2000$ L,$Q = 240$ L/h,$N = 1.0$ kW	1	套
38	碱剂加药装置	$V = 2000$ L,$Q_1 = 240$ L/h,$Q_2 = 240$ L/h,$N = 1.25$ kW	1	套
39	酸剂加药装置	$V = 2000$ L,$Q_1 = 120$ L/h,$Q_2 = 240$ L/h,$N = 0.5$ kW	1	套
40	混凝剂加药装置	$V = 2000$ L,$Q_1 = 170$ L/h,$Q_2 = 170$ L/h,$Q_3 = 170$ L/h,$N = 1.5$ kW	1	套
41	助凝剂加药装置	$V = 2000$ L,$Q_1 = 170$ L/h,$Q_2 = 170$ L/h,$Q_3 = 170$ L/h,$N = 1.5$ kW	1	套
42	营养剂加药装置	$V = 2000$ L,$Q = 120$ L/h,$N = 1.0$ kW	1	套
43	反硝化炭源加药装置	$V = 2000$ L,$Q = 120$ L/h,$N = 1.0$ kW	1	套
44	活性炭除臭系统	$Q = 6000$ m^3/h,$N = 5.5$ kW	1	套
45	超滤系统改造	HUF225,$Q = 20$ m^3/h	1	批
46	工艺管道	DN200～DN20	1	批
47	阀门	DN200～DN20	1	批
48	安装材料及人工费用	—	1	批

表3.5.8　电控设备材料一览表

序号	名称	规格	数量	单位
1	低压配电柜	GGD(800 mm×800 mm×2200 mm)	3	台
2	变频柜	GGD(800 mm×800 mm×2200 mm)	1	台
3	PLC分控柜	GGD(800 mm×800 mm×2200 mm)	1	台
4	组态软件	—	1	套
5	工控计算机及监视系统	—	1	套
6	就地控制箱	—	8	台
7	室外照明系统及路灯	—	1	套
8	电力电缆	YJV	1	批
9	控制电缆	KVV	1	批
10	穿线钢管	DN100～DN32	1	批
11	在线pH仪	pH=1～14	4	套
12	在线溶解氧仪	0～20 mg/L	2	套
13	氟离子计	0～500 mg/L	1	套
14	超声波液位计	$L=5$ m	6	套
15	超声波液位计	$L=3$ m	1	套
16	电磁流量计	DN65	3	套
17	安装材料及人工费用	—	1	批

3.5.7　废水处理运行成本

运行成本包括水、电、药耗,人工、污泥处理费等项目。

1. 水耗

废水处理站每天用水5 t,工业用水价按4.10元/t计,废水用水成本为0.029元/m^3。

2. 电耗

废水处理站每天处理700 t废水耗电量为1222 kW·h,废水耗电量约为1.746 kW·h/m^3,工业电价按0.8元/(kW·h)计,废水电费成本为1.396元/m^3。

3. 药耗

本方案中共使用九种主要水处理化学药剂(表3.5.9)。

主要药剂是氢氧化钠、精制氢氧化钙、聚合氯化铝(PAC)、聚丙烯酰胺(PAM)、稀盐酸。

表 3.5.9　主要药剂价格表

序号	药剂名称	药剂单价(元/kg)	备　　注
1	氢氧化钙(精制)	1.50	市场采购指导价
2	氯化钙	2.00	市场采购指导价
3	除氟剂	3.20	市场采购指导价
4	氢氧化钠(固)	2.60	市场采购指导价
5	盐酸(27%)	1.20	市场采购指导价
6	PAC	2.20	市场采购指导价
7	PAM(阴离子)	17.00	市场采购指导价
8	磷酸二氢钾	9.00	市场采购指导价
9	工业面粉	4.00	市场采购指导价

经计算,每天处理 700 t 废水,需要投加药量为 735.38 kg,每天药剂费 1796.22 元,废水药费成本为 2.566 元/m^3。

4. 人工费

废水处理站劳动定员按 4 人计算,一名管理人员和 3 名操作人员,每年人工费为 $1 \times 4500 \times 12 + 3 \times 3600 \times 12 = 183600$ 元/年。

折算废水人工成本为 0.749 元/m^3。

5. 污泥处置费

每天产生的污泥量(60% 含水率)按处理水量 0.5% 进行计算,每天产生的脱水污泥为 3.5 t,根据环境影响评价报告书要求,该污泥为一般工业固体废弃物,运泥费及污泥处置费按 250 元/t 估算,则每天污泥处置费用为 875 元,废水污泥处置费成本为 1.25 元/m^3。

6. 运行成本

表 3.5.10 为废水处理站直接运行成本表。

表 3.5.10　废水处理站直接运行成本表

序号	费用名称	费用数额(元/m^3)	比例
1	电耗	1.396	23.31%
2	水耗	0.029	0.48%
3	药耗	2.566	42.84%
4	人工费	0.749	12.5%
5	污泥处置费	1.25	20.87%
	合计	5.99	100%

案例 6　某电脑公司 180 m³/d 含镍废水处理案例

3.6.1　工程概况

项目名称:某电脑公司一期含镍废水处理工程。

本工程为某电脑公司环境保护项目,本项目的主要功能是接纳并处理该企业在生产过程中所产生的含镍废水,使其达到国家规定的污水排放标准;工程主要内容为废水处理系统规划及设计。

本工程处理水量具体如表 3.6.1 所示。

表 3.6.1　处理水量表

废水类型	实际废水产水量(m³/d)	设计处理量(m³/d)
含镍废水	160	180

3.6.2　设计要求

1. 进水水质

根据业主提供的运行数据及参照同类型企业废水水质数据,设计进水水质如表 3.6.2 所示。

表 3.6.2　进水水质表

废水类型	进水水质(mg/L)							
	COD_{Cr}	pH	Cu^{2+}	SS	Ni^{2+}	CN^-	TP	NH_3-N
含镍废水	≤150	3~10	≤5	≤200	≤30		≤80	

2. 出水水质

根据当地环保部门对企业排水的要求,该公司废水经处理后出水水质重金属镍按《电镀污染物排放标准》(GB 21900—2008)中表 3 水污染物特别排放限值执行,具体数据如表 3.6.3 所示。

表 3.6.3　出水水质表

污染物	排放标准	标准(设计执行)
总镍	≤0.1 mg/L	执行《电镀污染物排放标准》(GB 21900—2008)中表 3 水污染物特别排放限值

3. 污泥处理要求

废水处理过程中,会产生一定量的污泥,本工程所产生的污泥为化学污泥,污泥量(按含水率为99.4%计)约占处理废水量的10%；污泥具有一定的毒性，需要及时处理和处置，以达到变害为利、综合利用和保护环境的目的。

3.6.3 技术及方案论证

图3.6.1为技术与方案图。

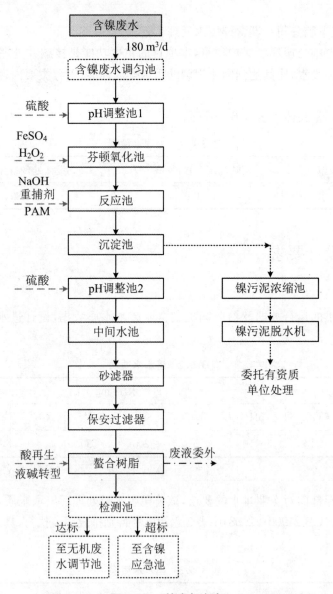

图3.6.1 技术与方案

说明：虚线框表示利用已有处理设施，实线框表示本次新增设施，螯合树脂系统本次仅规划罐体、树脂加工。

芬顿(Fenton)化学氧化法是应用过氧化氢与亚铁反应产生氢氧自由基的原理，进行氧化有机污染反应，将废水中有机物污染氧化成二氧化碳和水的一种高级氧化处理技术。

Fenton 法具有对环境友善、占地空间小、操作弹性大、初设成本低、氧化能力强等优点,所以选用 Fenton 工艺处理含镍废水。

含镍废水单独经收集至含镍废水调节池,通过泵提升至 pH 调整池 1,在 pH 调整至 2～3 后流入芬顿氧化池,在芬顿氧化池内加入亚铁及过氧化氢进行芬顿氧化反应,含镍废水中的络合成分通过芬顿氧化将其破坏,络合态的镍离子通过氧化变为游离态,后续即可通过物化反应沉淀将其去除。

反应沉淀池出水经过砂过滤后,再将 pH 调整至 5 左右,再通过保安过滤后进入螯合树脂系统,废水中残留的铜、镍金属离子交换为钠离子,树脂交换出水进检测池,经检测如镍达标则排至无机废水调节池,如镍超标则排至含镍应急池。

180 t/d 含镍废水处理设施平面规划图(不含收集池和应急池)如图 3.6.2 所示。

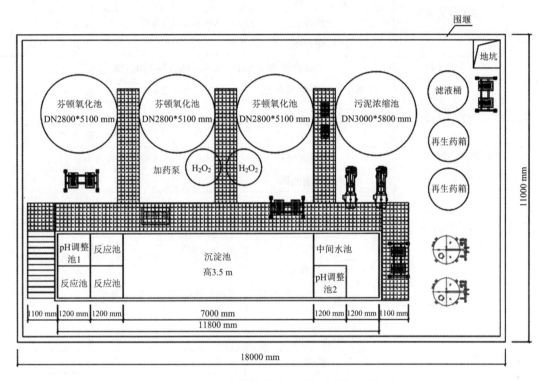

图 3.6.2　含镍废水处理设施平面规划图

3.6.4　工程方案设计

3.6.4.1　工艺设计

表 3.6.4 为主要工艺设备设计表。3.6.5 为主要设备动力表。

表 3.6.4　主要工艺设备设计

1	含镍废水调匀池	调节池池体	利旧	座	1
		含镍废水提升泵	g-33-50(2P),2.2 kW	台	2
		液位控制仪	利旧	套	1
		电磁流量计	新增	套	1
		空气曝气系统	利旧	套	1
	功能说明	收集并存贮含镍废水,以调匀水质,防止高峰负荷产生,并利用泵提升至后续处理单元进行处理;在生产排酸碱废水时通过加药预调 pH			
2	pH 调整池 1	池体		座	1
		pH 控制仪		套	1
		加药泵	AHA32,0.2 kW	台	1
		机械搅拌机		套	1
	功能说明	调整含镍废水 pH 至 2~3,即芬顿氧化的最佳 pH 范围			
3	芬顿氧化池	过氧化氢及亚铁加药泵	AHA32,0.2 kW	台	2
		芬顿氧化池体		套	1
		搅拌系统		套	1
	功能说明	加药进行芬顿氧化反应,以达到破坏废水络合成分的目的			
4	反应沉淀池	反应沉淀池池体		套	1
		pH 控制仪		套	1
		加药泵	AHA32	台	3
		加药泵	BX50	台	1
		机械搅拌机		套	3
	功能说明	加药反应,通过沉淀去除废水中的镍离子			
5	pH 调整池 2	池体		座	1
		pH 控制仪		套	1
		加药泵	BX50	台	1
		机械搅拌机		套	1
	功能说明	调整含镍废水 pH 至 5 左右,以达到螯合树脂的进水要求			
6	砂滤器	砂过滤器		套	1
		过滤器滤料	水处理精致石英砂	套	1
		自动控制阀		套	1
		反洗水泵		台	1
	功能说明	去除废水中的悬浮颗粒,改善废水水质,以保护后续树脂系统			
7	保安过滤器	保安过滤器	10 m³/h,5 μm	套	1
	功能说明	进一步拦截废水中细小的颗粒物,保护后续树脂系统			

续表

		树脂罐		套	1
		螯合树脂	CH-90Na	批	1
		自动控制阀		套	2
		树脂再生系统		套	1
8	螯合树脂系统	树脂转型系统		套	1
		树脂冲洗系统		套	1
		再生废液储罐		套	1
		再生废液提升泵		台	1
		液位控制仪		套	1
	功能说明	将废水中游离态、络合态镍交换为钠离子,镍即被吸附在螯合树脂上,树脂饱和通过强酸再生,再生酸废液委外处置			
		含镍检测池	利旧	座	1
		液位控制仪	利旧	套	1
9	含镍检测池	提升泵	利旧	台	2
		超标自动切换阀	利旧	只	1
	功能说明	收集并暂存处理系统出水,通过在线监测设备监测镍是否达标,如达标则排至无机废水池,如超标则排至含镍应急池			

表 3.6.5　主要设备动力表

序号	名称	规格型号	数量	配用电机功率(kW)	装机功率(kW)	每天常用电量(度)	备注
1	含镍废水提升泵	g33-50,2.2 kW	2 台	2.20	4.40	44	一用一备
2	pH 调整池 1 搅拌机		一台	0.75	0.75	15	
3	加药泵	AHA32,0.2 kW	7 台	0.20	1.40	28	
4	芬顿池循环系统		2 套	3.00	3.00	60	
5	反应搅拌机	0.75 kW	3 套	0.75	2.25	45	
6	pH 调整池 2 搅拌机		一台	0.75	0.75	15	
7	中间水泵		2 台	2.20	4.40	44	
8	砂滤反洗泵		一台	3.70	3.70	3.7	
9	镍超标废水泵		一台	3.70	3.70	0	
10	镍高压隔膜压滤机		一台	7.50	7.50	60	
11	污泥输送带		1 套	2.20	2.20	4.4	
12	压榨水泵		2 台	3.70	7.50	3.7	一用一备
	小计				41.55	322.8	

3.6.4.2　结构设计

1. 地基处理

由于没有废水处理设施建设点的地质资料,故暂不考虑地基处理,工程设计以地耐力≥8 t/m² 计,如实际地质承载力达不到此值或遇到流沙层需另行处理时,则考虑进行地基处理,并对埋深设施做抗浮处理。

2. 构、建筑物结构设计

工程中主体处理设施均采用 R.C./钢结构,池壁内侧用 FRP 防腐;贮桶采用碳钢＋FRP/玻璃钢材质;道路地坪为素混凝土结构。

3. 主要建筑材料

砼:所有水池均采用 C30 混凝土,抗渗标号为 S6;房屋及上部结构均采用 C20 混凝土,垫层及填料为 C10 混凝土。

钢筋:

直径≤10 mm 时,采用 I 级钢筋,$fy = 210$ N/mm²。

10 mm≤直径≤25 mm 时,采用 I 级钢筋,$fy = 210$ N/mm²;采用 II 级钢筋,$fy = 310$ N/mm²。

直径＞25 mm 时,采用 II 级钢筋,$fy = 290$ N/mm²。

砖砌体:设计地面以上部分采用 M5 混合砂浆砌 MU7.5 普通机制黏土砖,地面以下部分采用 M7.5 水泥砂浆砌 MU10 普通机制黏土砖。

4. 钢件制作

均为 A3 钢。

3.6.4.3　电气设计

1. 电源

本套废水处理设施的电源由建设单位厂区内的低压～380/220 V 电源供给。

2. 计算负荷

根据工艺方案及配用电机功率情况,本工程总装机功率为 41.5 kW,除去备用设施功率外,实际使用功率为 33.5 kW,低压侧功率补偿后(cos φ = 0.9),废水处理设施计算负荷为 37.2 kVA。

3. 变配电系统

由建设单位用穿钢管埋地式接入废水处理设施控制箱内。

4. 电气控制

(1) 控制箱采用冷轧钢板制作,表面烤漆处理。

(2) 废水提升泵的自动控制:在污水调节池中安装液位计,控制废水提升泵的动作。当水位达到提升泵设计开启的高度时,提升泵自动开泵;当水位低于提升泵设计关闭的高度时,提升泵自动关泵。

(3) 搅拌机的自动控制:搅拌机与废水提升泵联动,随提升泵的开启、关闭而动作。

(4) 加药泵的自动控制:非酸碱加药泵与废水提升泵联动,随提升泵的开启、关闭而动作,酸碱加药泵由 pH 计自动控制其开启及关闭,氧化及还原剂加药泵由 ORP 计自动控制其开启及关闭。

(5) 兼手动控制系统:为应付偶然需单个设备动作,中央控制台兼有手动系统,即各台设备的控制兼有独立性,可不与其他设备关联。

本系统操作配有:现场控制柜(MCC 柜)、pH 现场仪表盘。

被控制的设备:废水提升泵、酸碱计量加药泵、其他计量加药机、机械搅拌机、气浮池刮渣机、气动阀门。

3.6.5　主要工程量统计

主要工程量统计表如表 3.6.6 和表 3.6.7 所示。

表 3.6.6　土建部分(土建部分业主自理,承建单位提供技术支持)

序号	名称	规格	单位	数量	备　注
1	设备基础		式	1	砼
2	辅房或钢棚及照明等		式	1	砖混,地坪 EPOXY
3	梯及栏杆		式	1	钢梯碳钢防腐;栏杆 SUS304
4	地坑及围堰		式	1	砼
5	钢结构挡雨棚		式	1	钢结构
6	电控房	含空调	式	1	岩棉板房
7	环氧防腐	优质耐酸碱乙烯基树脂	批	1	五油三布
8	防雷接地等		式	1	非设备工程范畴

说明:室外处理设施占地面积约 200 m²(约 18 m×11 m)镍压滤机放于二厂废水站二层压滤机房。

表 3.6.7　设备部分

序号	处理单元	名称	规格	单位	数量	备　注
一				设备部分		
1		调节池池体		座	1	利旧
2		含镍废水提升泵	G-33-50(2P)	台	2	
3		液位控制仪		套	1	利用原有
4	含镍废水调匀池	电磁流量计		套	1	
5		空气曝气系统		套	1	利用原有
6		pH 控制仪	流通杯检测	套	1	酸碱性稳定,取消
7		管道混合器		套	1	酸碱性稳定,取消
8		加药泵	AHA32	台	1	酸碱性稳定,取消

序号	处理单元	名称	规格	单位	数量	备　注
9	pH调整池1	池体		座	1	碳钢＋FRP
10		pH控制仪	PC-3110	套	1	
11		加药泵	AHA32	台	1	
12		机械搅拌机	0.4 kW	套	1	接液 SUS304
13	芬顿氧化池	过氧化氢及亚铁加药泵	AHA32	台	2	
14		芬顿氧化池体	25 m³	套	3	FRP/碳钢＋FRP
15		搅拌系统		套	3	
16	反应沉淀池	反应沉淀池池体		套	1	碳钢＋FRP
17		pH控制仪	PC-3110	套	1	上泰
18		加药泵	AHA32	台	3	
20		机械搅拌机		套	3	接液 SUS316
21	pH调整池2	池体		座	1	
22		pH控制仪	PC-3110	套	1	
23		加药泵	BX50	台	1	
24		机械搅拌机	0.75 kW	套	1	
25	中间水池	中间池池体		座	1	碳钢＋FRP
26		液位控制仪		套	1	
27		提升泵	G33-50(2P)	台	2	
28	砂滤器	砂过滤器		套	1	
29		过滤器滤料		套	1	
30		自动控制阀		套	1	
31		反洗水泵	G-35-65(2P)	台	2	
32	保安过滤器	保安过滤器	10 m³/h,50 μm	套	1	SUS304
33	螯合树脂系统	树脂罐		套	1	
34		螯合树脂	CH-90Na	批	1	
35		自动控制阀		套	1	
36		树脂酸再生系统		套	1	
37		树脂碱转型系统		套	1	
38		树脂冲洗系统		套	1	
39		再生废液储罐		台	1	
40		再生废液提升泵		台	1	

序号	处理单元	名称	规格	单位	数量	备　注
41	含镍检测池	含镍检测池		座	1	利用原有
42		提升泵		台	2	利用原有
43		液位控制仪		套	1	利用原有
44		超标切换阀门	DN50-80	只	2	利用原有
45	含镍应急池	应急池池体		座	1	利用原有
46		含镍废水提升泵	KB-40022L	台	2	利用原有
47		液位控制仪		套	1	利用原有
48		转子流量计		套	1	利用原有
49	污泥处理	污泥浓缩池	30 m³	座	1	碳钢＋FRP
50		污泥泵	DN65 口径	台	2	
51		高压隔膜压滤机	XMAGZ60/800-U	台	1	先利用原有 30 m² 压滤机,后续无法满足使用需求再增加
52		龙门机及操作平台		套	1	利用原有
53		压榨系统		套	1	利用原有
54		污泥输送带		套	1	利用原有
55		污泥斗		套	1	利用原有
56		滤液槽		套	1	利用原有
57		滤液池		只	1	利用原有
58		液位计		套	1	利用原有
59		滤液提升泵	G-35-65(2P)	台	2	
60	溶药储药系统	过氧化氢储罐	2 m³	座	1	SUS304
61		亚铁及 PAM 溶解设施	1 m³	套	2	利用原有
62		硫酸及液碱储罐	3 m³	座	2	利用原有

序号	处理单元	名称	规格	单位	数量	备 注
二		阀门、管材、管件等				
1	阀门、管材、管件	系统间各类管材/管件		套	1	
2		阀门配件		套	1	
3		管道及设备支架		套	1	碳钢镀锌
4		其他型钢类材料		套	1	碳钢镀锌
5		油漆防腐		只	1	
6		辅材	螺丝螺帽/膨胀螺栓等	套	1	国标,SUS304
7		钢板池配套楼梯、操作平台及护栏		套	1	碳钢镀锌 + 碳钢花纹板 + 不锈钢护栏
三		电器部分				
1	电器部分	电器控制元件		套	1	
2		PLC 程控		式	1	
3		电器控制柜		套	1	CS 喷涂户外防雨型
4		现场电箱		套	1	CS 喷涂/SUS304 户外防雨型
5		电缆		批	1	
6		电缆线槽		批	1	玻璃钢

案例 7　某食品加工厂废水处理案例

3.7.1　工程概况

某食品加工厂以天然调料为原料生产火锅底料。在生产过程中,日排放污水量为 20 m³/d,根据业主的要求,在现有废水处理设施设备基础上,优化设计,制定合理的工艺路线,力求投资省,管理简单,操作简便,运行费用低,避免二次污染。该污水经处理后需达到《污水综合排放标准》(GB 8978—1996)表 4 中三级排放标准。

本设计范围包括:起自废水进入的污水处理设施格栅池,止于经过处理后排放的规范化排放口。

3.7.2　设计要求

本设计日排放污水量为 20 m³/d，进水水质详见表 3.7.1。

表 3.7.1　生产废水水质参数

污染因子	COD_Cr (mg/L)	BOD_5 (mg/L)	SS (mg/L)	氨氮 (mg/L)	动植物油 (mg/L)	pH
限值	4500	2000	105	25	40	6~9

实际调查水解调节池内水质参数现设计参数如表 3.7.2 所示。

表 3.7.2　设计参数

污染因子	COD_Cr (mg/L)	BOD_5 (mg/L)	SS (mg/L)	氨氮 (mg/L)	动植物油 (mg/L)	pH
限值	5500	2500	550	45	140	4~5

处理后的水质目标：排放标准执行(GB 8978—1996《污水综合排放标准》)表 4 中三级排放标准，详见表 3.7.3。

表 3.7.3　排放标准限值

污染因子	COD_Cr (mg/L)	BOD_5 (mg/L)	SS (mg/L)	氨氮 (mg/L)	动植物油 (mg/L)	pH
限值	<500	<300	<400	<45	<100	6~9

3.7.3　技术及方案论证

目前原有设计废水处理量为 20 m³/d。日处理时间 20 h，考虑其间波动性，调节池调节水量容积需达 8 m³。从表 3.7.3 可知，废水 BOD_5/COD_{Cr} 的比值均在 0.4 以上，属可生化性较好的废水。

3.7.3.1　目前废水处理工艺流程

目前废水处理工艺流程图如图 3.7.1 所示。

3.7.3.2　调整后的工艺流程

调整后的工艺流程图如图 3.7.2 所示。

3.7.3.3　工艺流程说明

生产废水从车间进入格栅池，经粗细格栅二道去除废水中的粗大颗粒漂浮物后自流入隔油池，经隔油池后废水自流进入调节池主要是调节水量均化水质，经泵提升后进入反应池,反应后的废水自流入气浮池,经气浮后自流进入水解酸化池,进行水解生化提高污水的生化性;经水解酸化后的废水自流入生物接触氧化池,去除大部分有机物后,上清液投加絮凝剂后经沉淀池固液分离后的上清液由泵提升至 SBR 反应池进行再次生化反应,经过 SBR 反应池处理后的清水达标排放。气浮池、二沉池产生污渣及污泥至储泥池,储泥池内的污泥由螺杆泵提升至压滤机进行压滤后,产生污泥外运,滤液回流至调节池。

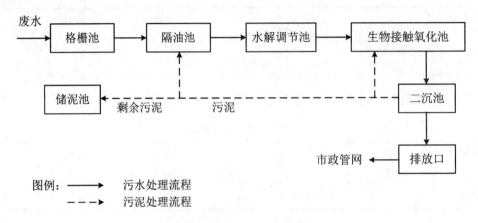

图 3.7.1　废水处理工艺流程

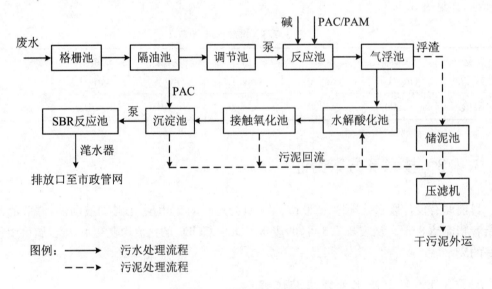

图 3.7.2　调整后的工艺流程

3.7.4　工艺设计

1．格栅池

格栅池主要是去除粗大杂物,格栅内设有格栅。

2．隔油池

隔油池主要是去除污水的含油物质。利用原有隔油池。

3．水解调节池

水解调节池的主要目的是废水汇集之处,同时起着调节水量和均化水质作用,装设两台提升泵。水力停留时间为 8 h。耐腐蚀自吸泵,两台,一用一备。组合填料 $\Phi 150$ mm。

4．气浮池

气浮池的主要目的是去除污水中的悬浮物,利用大量微小气泡与悬浮物结合,使悬浮物上浮到污水表面,然后收集处理这些悬浮物。水力停留时间为 2 h,有气浮机一套。

5．水解酸化池

将原有的调节池隔成两格,一格作为调节池,一格作为水解酸化池,并更换水解池内的填料。水解酸化池的主要作用是将大分子物质转化为小分子物质,将环状结构转化为链状结构,进一步提高了废水的 BOD/COD 比,增加了废水的可生化性,为后续的好氧生化处理创造条件。水力停留时间为 8 h,组合填料 $\Phi 150$ mm。

6．生物接触氧化池

利用原有生物接触氧化池,不做改变。接触氧化池是微生物进行好氧降解的主要场所。废水中的残余有机污染物通过好氧生物得到了进一步降解。

7．沉淀池

污水经生物处理后,水中含有一定量的悬浮物,为使出水澄清,采用竖流式沉淀池进行固液分离。

8．SBR 反应池

新增一座 SBR 反应池,SBR 工艺即序批式活性污泥法,是常规活性污泥法的一种变体。SBR 工艺采用可变容积间歇式反应器,省去了回流污泥系统及沉淀设备,曝气与沉淀在同一容器中完成,利用微生物在不同絮体负荷条件下的生长速率和生物脱氮除磷机理,将生物反应器与可变容积反应器相结合,形成一个周期性间歇运行的活性污泥系统。

有效容积:10.5 m^3;污水泵两台:一用一备;滗水器:一套;微孔曝气器:16 套;鼓风机:$N = 1.1$ kW,两台,一用一备。

预期处理效果:气浮池、水解酸化池、生物接触氧化池、二沉池、SBR 反应池等各流程对废水主要污染指标的预期处理效果见表 3.7.4。

表 3.7.4　预期处理效果

构筑物名称	COD_{Cr}(mg/L)		
	进水(mg/L)	出水(mg/L)	去除率
气浮池	5500	3300	40%
水解酸化池	3300	2310	30%
生物接触氧化池	2310	924	60%
二沉池	924	785.4	15%
SBR 反应池	785.4	314.2	60%
总去除率			94.3%

3.7.5 主要工程量及估算

主要工程量统计如表 3.7.5 和表 3.7.6 所示。

表 3.7.5 主要土建直接费用

序号	名称	规格	数量	价格(万元)	备注
1	气浮池基础	2×3	1 座	0.20	水泥板
2	加药灌基础	2×2	1 座	0.15	水泥板
3	SBR 反应池基础	3×2	1 座	0.20	水泥板
4	设备基础	1×1	1 座	0.05	水泥板
5	调节池改造		1 座	0.20	砖混
	合计(万元)			0.80	

表 3.7.6 主要工艺设备直接费

序号	处理单元	设备名称	规格型号	数量	价格(万元)	备注
1	调节池	耐腐蚀自吸泵	25MF-8, $Q = 2\ m^3/h$	2 台	0.86	SUS304
		浮球	gSK-1A	1 套	0.10	PPR
		组合填料	$\Phi150\ mm$	4 m^3	0.10	聚丙烯+尼龙丝
		填料支架	非标	8 m^2	0.20	钢制+尼龙绳索
		流量计	LZB-25	1 套	0.20	有机玻璃
2	反应池	主体	非标 δ5	1 套	1.20	碳钢(内部环氧沥青漆防腐)
		搅拌机	$N = 0.55\ kW$, S1-09	3 台	0.90	搅拌叶不锈钢 304
		加药罐	MC-500	3 套	0.50	PE
		加药泵	HK110/0.7	4 台	1.28	RPP 材料计量泵
3	气浮池	主体	2.5 m×1.5 m×1.5 m	1 套	2.50	碳钢(内部环氧沥青漆防腐或玻璃刚防腐)
		溶气释放器	$\Phi150\ mm$	1 组	0.10	不锈钢
		刮渣机	非标, 0.55 kW	1 套	0.20	
		回流泵	ISg32-200, 3 kW	1 台	0.45	管道泵
		溶气罐	$\Phi500\ mm×1200\ mm$	1 套	0.20	碳钢内防腐
		射流器	非标	1 套	0.10	不锈钢
		浮球装置	UQZ-71XS-02	1 套	0.01	不锈钢
		电接点压力表	2.5 m×1.5 m×1.5 m	1 套	0.05	不锈钢
		空压机	V-0.17/8-1.5 kW	1 台	0.50	1.5 kW
		控制箱		1 套	0.03	手动/自动一体

续表

序号	处理单元	设备名称	规格型号	数量	价格（万元）	备注
4	水解酸化池	组合填料	Φ150 mm	4 m³	0.10	聚丙烯＋尼龙丝
		填料支架	非标	8 m²	0.20	钢制＋尼龙绳索
5	压滤机	污泥螺杆泵	g25-1,功率:1.5 kW,压力:0.6 MPa	1 台	0.65	自吸型
		厢式压滤机	XAMY8/500	1 套	2.50	自动液压型
6	SBR 反应池	鼓风机	FSR-50	2 台	1.80	1.5 kW
		自吸泵	2 m³/h,25MF-8	2 台	0.50	不锈钢
		SBR 反应池	10.5 m³	1 座	2.50	δ5 碳钢（内部环氧沥青漆防腐）
		滗水器	$Q = 2$ m³/h	1 套	0.50	非标定制
		曝气器	Φ215 mm	16 套	0.32	金刚玉
7	控制仪表	自动控柜		1 项	0.60	
		站内电缆		1 项	0.50	
8	管道及阀门			1 项	0.60	站内
9	池子清理			1 项		甲方自理
	合计		设备直接费		20.25	

案例 8 某生物柴油废水处理案例

3.8.1 工程概况

某企业是重庆投资建设生物柴油企业,主要利用酸化油进行催化反应生成。其生产废水污染物浓度高,属高浓度有机废水,本方案针对日处理规模 100 m³/d 进行编制,废水执行排放水质执行行业主要求的排放限值。

3.8.2 设计要求

根据该企业要求,设计废水处理量为 100 m³/d,其中生产废水 80 m³/d,生活污水 20 m³/d。日处理时间 24 h,即废水处理能力约为 4.2 m³/h。

1. 废水水质

废水水质见表 3.8.1。

表 3.8.1　生产废水水质参数

平均 COD$_{Cr}$（mg/L）	pH
65000	3～5

2. 出水水质目标

处理后的水质目标：排放标准执行表 3.8.2 的限值要求。

表 3.8.2　排放标准限值

污染因子	COD$_{Cr}$ （mg/L）	BOD$_5$ （mg/L）	SS （mg/L）	氨氮 （mg/L）	动植物油 （mg/L）	pH
限值	＜500	＜300	＜400	＜45	＜100	6～9

3.8.3　技术及方案论证

3.8.3.1　水质特点

1. 废水的有机物浓度高

由于废水有机物浓度较高，直接采用好氧生物处理是不可行的。在废水处理改造工程工艺确定之前，进行了大量的废水预处理试验。根据生产废水的微电解正交试验筛选出最佳的预处理工艺及其参数，预估微电解及絮凝气浮对废水的 COD 去除率为 54%。并采用高效厌氧降解废水中大部分有机物。

2. 废水中甲醇的可能影响

虽然企业生产过程中对甲醇进行了回收，但考虑当生产中出现甲醇集中排放等异常情况时，废水中的甲醇浓度可能超过厌氧菌的耐受值，从而使厌氧的处理效率大幅降低。为此，采用出水回流进行稀释，降低进入厌氧反应池废水的甲醇浓度，避免高浓度甲醇对厌氧菌的不利影响。

3. 废水的 pH 低

生产废水的 pH 较低，一般为 3～5，不适宜于生物菌的生存。而将废水的 pH 调至 7～7.5，将消耗大量的石灰或碱。为了节省中和的石灰或碱的投加量，一方面通过微电解反应后可提高废水的 pH，另一方面由好氧出水（废水经好氧处理后 pH 升高）回流与酸性废水进行中和。

4. 废水中的悬浮物多

废水中的悬浮物多，为此，将隔油池设计成初沉隔油池，在隔油的同时，沉降分离废水中易沉降的部分悬浮物，并集聚于池底的泥斗中由泵提升排入污泥浓缩池内。

3.8.3.2　工艺论证

1. 预处理工艺——微电解

微电解床内装有废铁屑、炭等填料，是基于电化学反应的催化氧化还原、原电池反应产物的絮凝、对絮体的电附集、新生絮体的吸附以及床层过滤的综合作用。一系列物理化学反应产物具有高的化学活性,其中新生态的[H]和 Fe^{2+} 能与废水中许多组分发生氧化还原作用,如破坏发色基团或助色基团,使其失去发色能力,使大分子物质分解为小分子的中间体,使某些难生物降解的化学物质氧化成容易生化处理的物质,提高废水的可生化性。床内设有反冲系统,当床内的阻力变大时,自动启动反冲系统。生产废水的 pH 为 3~4,较适宜微电解反应的进行,且出水的 pH 提高至 5 左右,节省了中和药剂费用。同时利用其出水的新生态的混凝剂及活性中间体进行混凝、吸附反应,经絮凝沉淀达到了去除废水中悬浮物的目的。

2. 废水生化处理工艺的选择

废水中相当一部分溶解性有机污染物是无法被混凝沉淀或气浮去除的,还应通过生化处理工艺来降解。目前针对高浓度有机废水采用的生化处理工艺是以厌氧-好氧的处理工艺体系为主体,该方法处理工艺成熟,对污水中有机污染物去除率高。

(1) 厌氧处理工艺

由于生产废水经物化预处理后的污染物浓度还很高,COD 约为 25000 mg/L,大部分为溶解性有机物,况且含有部分大分子有机物,若直接用好氧生化处理,由于好氧微生物对长链有机物的降解能力较差,况且好氧生化处理需供给充足的氧以满足微生物生长、繁殖的好氧环境,电能消耗大。而厌氧生化处理起作用的细菌为水解细菌、产酸菌、产甲烷菌,均在厌氧条件下,不需要供氧,基本无动力消耗,可在无能耗的情况下降解废水中大部分有机物。厌氧菌群还可将大分子物质分解为小分子的中间体,使难生化降解物质转变成容易生化处理的物质,提高废水的可生化性。因此完全有必要使用厌氧进行处理,一方面厌氧可以进一步提高废水的可生化性,另一方面,厌氧对于高浓度废水的 COD_{cr} 去除效率是非常高的,而且厌氧处理负荷高、能耗很小、产污泥量也非常少,因此具有占地少、一次性投资少、运行费用低、污泥处理费用低的优点。

在众多的厌氧反应器中,本方案选用上流式厌氧污泥床反应器。上流式厌氧污泥床反应器(即 UASB)是高浓度颗粒污泥组成的污泥床,由布水器、污泥床和三相分离器等组成,通过生物菌驯化培养形成颗粒污泥,提高污泥沉降性,避免污泥流失,反应器内污泥的浓度高,增强了反应器对不良因素(例如有毒物质)的适应性,能够高效、稳定地处理高浓度难处理有机废水。其特点:工艺结构紧凑、处理能力大、处理效果好、节约费用;与厌氧生物转盘相比,可省去转动装置;反应器启动运行时间较短,运行较稳定;不存在污泥堵塞问题。

(2) 好氧处理工艺

厌氧处理后的废水进入好氧处理工艺,利用好氧微生物继续氧化分解污水中的有机污染物。好氧处理工艺主要利用现有的生物接触氧化池,并结合利用贮渣池作为连续流序批式活性污泥池。连续流序批式活性污泥法(Cyclic Activated Sludge System, CASS)是近年来国际公认的处理工业废水的先进工艺,在序批式活性污泥法(简称 SBR)的基础上发展起来的一种新兴的活性污泥处理工艺,反应池沿池长方向设计为两部分,前部为生物选择区也称预反应区,后部为主反应区,其主反应区后部安装了可升降的自动撇水装置(即滗水器)。整个工艺的曝气、沉淀、排水等过程在同一池子内周期循环运行,省去了常规活性污泥法的二沉池;同时可连续进水或间断排水。CASS 法运行一个完整的周期由四个阶段组成,即反应期、沉淀期、排水排泥期和闲置期(有的不设闲置期)。其循环周期和各阶段的时间控制,可根据进水水质和出水要求由自动控制系统自动调节,故运行操作上体现了按序列、间歇的方式。与传统污水处理工艺不同,CASS 技术采用时间分割的操作方式替代空间分割的操作方式,非稳定生化反应替代稳态生化反应,静置理想沉淀替代传统的动态沉淀。它的主要特征是在运行上的有序和间歇操作,CASS 反应池集均化、初沉、生物降解、二沉等功能于一池。

CASS 工艺的主要技术特性:

(1) 连续进水,间断排水

传统 SBR 工艺为间断进水,间断排水,而实际废水排放大都是连续或半连续的,CASS 工艺可连续进水,克服了 SBR 工艺的不足,比较适合实际排水的特点,拓宽了 SBR 工艺的应用领域。

(2) 运行上的时序性

CASS 反应池通常按曝气、沉淀、排水和闲置四个阶段根据时间依次进行。

(3) 运行过程的非稳态性

每个工作周期内排水开始时 CASS 池内液位最高,排水结束时,液位最低,液位的变化幅度取决于排水比,而排水比与处理废水的浓度、排放标准及生物降解的难易程度等有关。反应池内混合液体积和基质浓度均是变化的,基质降解是非稳态的。

(4) 溶解氧周期性变化,浓度梯度高

CASS 在反应阶段是曝气的,微生物处于好氧状态,在沉淀和排水阶段不曝气,微生物处于缺氧甚至厌氧状态。因此,反应池中溶解氧是周期性变化的,氧浓度梯度大、转移效率高,这对于防止污泥膨胀及节约能耗都是有利的。实践证实对同样的曝气设备而言,CASS 工艺与传统活性污泥法相比有较高的氧利用率。

CASS 工艺的主要优点:

(1) 工艺流程简单,占地面积小,投资较低

CASS 的核心构筑物为反应池,没有二沉池及污泥回流设备。因此,污水处理设施布置紧凑、占地省、所需投资低。

(2) 生化反应推动力大

CASS 工艺从污染物的降解过程来看,当污水以相对较低的水量连续进入 CASS 池时即被混合液稀释,因此,从空间上看 CASS 工艺属变体积的完全混合式活性污泥法范畴;而从CASS 工艺开始曝气到排水结束整个周期来看,基质浓度由高到低,浓度梯度从高到低,基质利用速率由大到小,因此,CASS 工艺属理想的时间顺序上的推流式反应器,生化反应推动力较大。

(3) 沉淀效果好

CASS 工艺在沉淀阶段几乎整个反应池均起沉淀作用,沉淀阶段的表面负荷比普通二次沉淀池小得多,虽有进水的干扰,但其影响很小,沉淀效果较好。实践证明,当冬季温度较低,污泥沉降性能差时,或在处理一些特种工业废水污泥凝聚性能差时,均不会影响 CASS 工艺的正常运行。

(4) 运行灵活,抗冲击能力强,可实现不同的处理目标

CASS 工艺在设计时已考虑流量变化的因素,能确保废水在系统内停留预定的处理时间后经沉淀排放,特别是 CASS 工艺可以通过调节运行周期来适应进水量和水质的变比。当进水浓度较高时,也可通过延长曝气时间实现达标排放,达到抗冲击负荷的目的,在流量冲

击和有机负荷冲击超过设计值 2～3 倍时，处理效果仍然令人满意。

（5）不易发生污泥膨胀

污泥膨胀是活性污泥法运行过程中常遇到的问题，由于污泥沉降性能差，污泥与水无法在二沉池进行有效分离，造成污泥流失，使出水水质变差，严重时使污水处理系统无法运行。

由于丝状菌的比表面积比菌胶团大，因此，有利于摄取低浓度底物，但一般丝状菌的比增殖速率比非丝状菌小，在高底物浓度下菌胶团和丝状菌以较大速率降解底物与增殖，但由于胶团细菌比增殖速率较大，其增殖量也较大，从而较丝状菌占优势。而 CASS 反应池中存在着较大的浓度梯度，而且处于缺氧、好氧交替变化之中，这样的环境条件可选择性地培养出菌胶团细菌，使其成为曝气池中的优势菌属，有效地抑制丝状菌的生长和繁殖，克服污泥膨胀，从而提高系统的运行稳定性。

（6）剩余污泥量小，性质稳定

传统活性污泥法的泥龄仅 2～7 d，而 CASS 法泥龄为 25～30 d，所以污泥稳定性好，脱水性能佳，产生的剩余污泥少。去除 1.0 kg BOD 产生 0.2～0.3 kg 剩余污泥，仅为传统法的 60% 左右。由于污泥在 CASS 反应池中已得到一定程度的消化，所以剩余污泥的耗氧速率小，不需要再经稳定化处理，可直接脱水。

3.8.4　工艺设计

3.8.4.1　选用的工艺流程及分析

图 3.8.1 为处理工艺流程图。

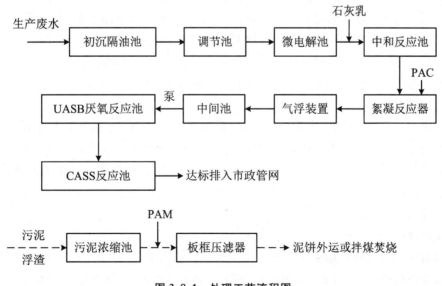

图 3.8.1　处理工艺流程图

废水中油的含量占 COD 的 18%～20%，这部分油通过隔油池重力去除，生产废水 COD 值可降到 53000 mg/L 左右，并且可保护微电解床的正常运行。

微电解床出水经中和及气浮装置固液分离对废水的 COD 的去除率可达 50%，即废水的 COD 值从 53000 mg/L 可降到 26500 mg/L 左右,此时由二沉池出水回流稀释至 COD_{Cr} = 13250 mg/L 以下,经中间池的酸化水解后提升至 UASB 厌氧处理,出水 COD 可降至 2000 mg/L 以下。厌氧出水进入 CASS 反应池由好氧菌进一步降解,出水 COD_{Cr} 可降到 500 mg/L 以下,相应的 BOD_5、NH_3-N、动植物油和 SS 等指标也均能达标。

3.8.4.2　预期流程各单元处理效果

预期处理效果如表3.8.3所示。

表 3.8.3　预期处理效果

构筑物名称	COD_{Cr}		
	进水（mg/L）	出水（mg/L）	去除率
初沉隔油池	65000	53000	18.5%
微电解及气浮装置	53000	26500	50%
UASB 反应池	13250（出水回流稀释1倍）	1990	85%
CASS 反应池	1990	420	78.9%
总去除率	99.4%		

3.8.4.3　主要构筑物说明

1. 初沉隔油池

将隔油与初沉合并建设,构成初沉隔油池,在隔油的同时,起到初沉废水中的易沉降悬浮物的作用。表面浮油收集流入储油池内,定期启动油泵抽吸回用于生产,底部泥斗中的污泥定期由自吸泵提升至污泥浓缩池。设计两个初沉隔油池,可采用串联或并联运行,方便池内清理积泥。初沉隔油池和储油池均采用内衬玻璃钢(三油二布)防腐。

平均水力停留时间:4.0 h。平均表面水力负荷:0.65 $m^3/(m^2 \cdot h)$。

2. 调节池

由于废水的水量波动大、水质变化大,设置调节池起着调节水量和均化水质的作用,以减少对后续处理系统的冲击负荷,确保系统稳定运行。生产废水调节池设置两台自吸泵,一用一备,泵体为不锈钢材质,耐腐蚀,寿命长,安装于池外,检修方便。调节池采用内衬玻璃钢(三油二布)防腐。

水力停留时间:24 h。

3. 微电解池

微电解床配套反冲泵和曝气管等。反冲水取自放流池,反冲出水排入初沉隔油池。微电解床采用内衬玻璃钢(三油二布)防腐。停留时间:30 min。空床流速:2.0 m/h。

4. 中和反应池

投加石灰乳进行中和反应,将废水的 pH 调至 7 左右,使微电解出水中的铁离子生成絮凝性能良好的氢氧化铁,节省后续的絮凝剂投加量。配套石灰乳化装置、石灰乳加药系统和 pH 检测仪等。中和反应池采用内衬玻璃钢(三油二布)防腐。

反应时间:20 min。反应搅拌机功率:0.55 kW。

5. 絮凝反应器

通过中和反应将废水的pH提高至7左右,使废水中的铁离子生成絮凝效果更佳的新生态氢氧化铁,并补充絮凝剂在静态混合器内充分混合,并在絮凝反应器生成粗大絮体,吸附网捕废水中的悬浮物和胶体物。絮凝反应器利用进水水流的动力,无需增加动力设备,节省电耗。

絮凝反应时间:15 min。

6. 气浮装置

废水中含有大量的悬浮物和胶体有机物,经絮凝反应后,通过高效气浮装置予以分离去除,降低后续生化处理系统的有机负荷。高效气浮池是压力溶气水通过释放器骤然减压的,快速释放,产生大量微细气泡黏附在经过混凝反应后的悬浮絮体上,使絮体上浮,形成浮渣并由刮渣机刮去浮渣,从而迅速去除水中的污染物质。利用不锈钢溶气泵将待处理水加压,高速旋转的叶轮在进水口形成高真空,直接吸入空气,液体和空气在泵体内被叶轮搅拌成涡流,经过叶轮不断加压而形成微细气泡,省去了空压机、增压泵、射流器、加压溶气罐等设备,操作简单、维护方便。气浮浮渣自流入污泥浓缩池。

处理水量以 3.75 m³/h 计,压力溶气式气浮设备回流比取 40%,系统总处理量为 3.75×(1+0.4)=5.25 (m³/h),则设计气浮处理装置的处理量为 6 m³/h。装置为钢制内衬玻璃钢,水力停留时间为 20 min,分离室表面水力负荷为 5.0 m³/(m²·h),接触室上升流速为 10 mm/s。包括装置本体、溶气泵、刮渣系统和溶气释放系统等。

配套气液混合溶气泵 2 台,一用一备,功率为 0.75 kW;配套 PAC 溶药加药槽和 PAM 溶药加药槽等。

7. 中间池

中间池起着气浮装置与厌氧池之间的中间水量调节作用,同时作为 pH 精调池及水质稀释池,精确控制由泵提升至厌氧反应池的废水 pH,并由好氧处理出水稀释进入厌氧池的废水,降低废水的有机物浓度。池内配套潜水搅拌机,使该池同时具有水解酸化作用,一方面,通过酸化水解降解废水中部分有机物,降低 UASB 厌氧反应池的有机负荷;另一方面,将厌氧反应过程中的产酸段与甲烷化段分开,与后续的 UASB 组成两相厌氧反应工艺,使酸化过程的碱度下降,甚至酸累积对甲烷菌的抑制风险降低,提高 UASB 厌氧反应池运行稳定性。配套 pH 检测仪控制进入厌氧池的污水 pH。中间池设有排泥管,池底积泥定期排至污泥浓缩池。

水力停留时间:4 h。

8. 上流式厌氧污泥反应池(UASB)

在单相反应池中,存在着脂肪酸的产生与被利用之间的平衡,维持两类微生物之间的协调与平衡十分不易;两相厌氧消化工艺中的两个反应池中分别培养发酵细菌和产甲烷菌,并控制不同的运行参数,使其分别满足两类不同细菌的最适生长条件;与常规单相厌氧生物处理工艺相比,两相厌氧工艺主要具有如下优点:

(1) 有机负荷比单相工艺明显提高。

(2) 产甲烷相中的产甲烷菌活性得到提高,产气量增加。

(3) 运行更加稳定,承受冲击负荷的能力较强。

（4）当废水中含有 SO_4^{2-} 等抑制物质时，其对产甲烷菌的影响由于相的分离而减弱。

（5）对于复杂有机物，可以提高其水解反应速率，因而提高了其厌氧消化的效果。

UASB 反应池由两级组成，并与前级中间池水解段构成两相厌氧工艺。一方面，将酸化水解段与甲烷段分开，可降低 UASB 反应池出现酸败的风险；另一方面，即使其中一个 UASB 反应池出现酸败现象，另一个 UASB 反应池尚能保持较高的生化降解效率，而且通过该池内的活性污泥接种可使酸败的 UASB 反应池迅速恢复。采用喷射引流式配水器和内循环回流系统，提高布水的均匀性和上升流速。UASB 反应池对废水的 COD 去除率高达 90% 以上，是降解有机物的关键工艺。所产沼气经水封和阻火器后进入低压锅炉燃烧，剩余污泥定期排入污泥浓缩池。

水力停留时间：100 h。容积有机负荷：5.5 kg $COD_{Cr}/(m^3 \cdot d)$。内循环泵功率：1.5 kW。

9．序批式活性污泥反应池（CASS）

（1）反应池设计参数

CASS 反应池操作周期为 8 h，每周期处理水量为 30 m^3，一天三个周期运行。每个运行周期具体安排如下：曝气 4.5 h，静沉 1.5 h，排水 1 h，闲置 1 h，闲置期间进行污泥回流和剩余污泥排放。

有效容积：198 m^3。配置滗水器：BS-50，1 台，滗水深度 $H = 0.8$ m。容积有机负荷：0.90 kg $COD_{Cr}/(m^3 \cdot d)$。

（2）鼓风机的选定

CASS 反应池进水 BOD_5 为 650 mg/L，去除 BOD_5 为 590 mg/L，去除 BOD_5 需氧量按 3.0 $kgO_2/kgBOD_5$ 计算，日总需氧量为 0.59 $kg/m^3 \times 90 \times 3 = 159$ kg。采用旋混式曝气器，曝气器平均氧利用率以 10% 计，风机安全系数取 1.1，则实际需空气量 6246 m^3/d，处于静沉、排水和闲置期间不曝气。选用三叶罗茨风机 1 台，$Q = 7.7$ m^3/min，风压为 49 kPa，转速为 1850 r/min，电机功率为 11 kW。

（3）排泥方式

CASS 池的剩余活性污泥由污泥泵提升至污泥浓缩池。配套 1 台污泥泵，$Q = 10$ m^3/h，$H = 10$ m，$N = 0.75$ kW。

10．污泥脱水单元

（1）污泥浓缩池

本设计的污泥包括初沉隔油池的污泥、气浮池的浮渣、UASB 厌氧反应池的剩余活性污泥和 CASS 反应池的剩余活性污泥等。各处的污泥均汇入污泥浓缩池进行重力浓缩，上清液回流至中间池再次处理。

污泥浓缩时间为 16 h。污泥浓缩池有效容积为 20 m^3。浓缩后污泥含水率为 97%。

（2）污泥压滤机

每日浓缩后污泥投加聚丙烯酰胺（PAM）由螺杆泵加压至板框压滤机脱水，泥饼含水率为 80%。滤出水自流入调节池再次处理。

板框压滤机 1 台（1.5 kW），板框面积为 15 m^2。配套 PAM 溶药装置 WA-10.55 kW，1 套。螺杆泵 1 台，$Q = 2$ m^3/h，$N = 1.5$ kW，工作压力为 0～0.6 MPa。

11．机房

一间为压滤机房，用于放置压滤机、污泥泵和溶药加药装置。一间为化验室兼作值班室;贮药间1间,用于贮存药剂;风机房1间,用于放置风机和电控柜。

3.8.5 电气、自控设计

3.8.5.1 动力设备及装机容量

本系统采用全自动控制运行,无需人员值守,日常管理简便。采用物化生化等多种工艺有机结合,能最大限度提高污染物的去除率,确保出水达标。采用石灰乳作中和剂,不仅可去除废水中的硫酸根,避免影响厌氧反应,还起着助凝剂的作用,节省混凝剂的投药量,降低运行费用。污泥脱水采用板框压滤机,可连续运行,避免了污泥干化池的蚊蝇滋生和臭味散发,降低污泥后续处置费用。工艺中使用了CASS反应池,运行灵活,对水质变化适应性强,调整简便。

本工艺流程简单,操作简便,主要动力设备有废水提升泵、三叶罗茨风机、溶药装置、气浮溶气及刮渣、污泥泵、压滤机和投加系统等。

动力设备及装机容量如表3.8.4所示。

表 3.8.4 动力设备及装机容量

项目名称	数量	功率	备　　注
吸泥泵	1	0.75 kW	
油泵	1	1.1 kW	
磁力泵	2	1.1 kW×2	一用一备
反冲泵	1	7.5 kW	
石灰加药泵	1	0.55 kW×2	一用一备
气液混合泵	1	0.75 kW×2	一用一备
刮渣机	1	0.55 kW	
溶药装置	1	0.75 kW×2	
潜水搅拌机	1	0.85 kW	
提升泵	2	0.75 kW×2	一用一备
循环泵	2	1.5 kW×2	
三叶罗茨风机	1	11 kW	
污泥泵	1	0.75 kW	
PAM溶药装置	1	0.55 kW	
污泥螺杆泵	1	1.5 kW	
压滤机	1	1.5 kW	
机房、路灯等其他用电		0.5 kW	
离心风机	1	1.1 kW	
喷淋泵	2	0.75 kW×2	一用一备
总装机容量		36.45 kW	

3.8.5.2　供电、用电量及保护方式

废水处理设施的用电由配电房引入。本工程总装机容量为 36.45 kW，实际最大运行负荷为 31.8 kW。

电源考虑 380 V/220 V 低压电源，采用就地集中补偿。

接地采用 TN-C-S 系统保护。利用处理池主钢筋等自然接地体，接地电阻小于 10 Ω。

3.8.5.3　电控设计

电控采用自动控制和手动控制两种方式，并可通过盘面上的切换开关，在手动和自动间切换。在符合工艺流程的前提下，各电机单独控制，运行人员可通过控制盘面上的手动开关对各项应控设备实行一对一的操作。设置急停系统和设备运行状态显示。

1. 自动化控制设计要求

根据业主的实际情况，要求污水处理系统的运作自动化水平高，能对出现的故障报警。

2. 自控设计说明

本工艺流程简单，操作简便，主要动力设备有废水提升泵、三叶罗茨风机、溶药装置、气浮溶气及刮渣机、污泥泵、压滤机和投加系统等，自控方案如下：

（1）所有的电机的运行状态均能集中显示，并通过警灯、蜂鸣器对出现的故障报警。

（2）在调节池内设置液位控制器，自动控制提升泵的启停。

（3）三叶罗茨风机由液位控制器信号和时间程序自动控制。

（4）气浮装置与提升泵联动，其刮渣机、溶气系统均由时间程序自动。

（5）药剂投加系统与其配套的设备联动。

3.8.6　主要工程量及投资

3.8.6.1　主要工程量及估算表

主要工程量及估算表如表 3.8.5 和表 3.8.6 所示。

表 3.8.5　土建工程量及投资估算表

序号	名称	规格（除特别标注外，单位都是 mm）	数量	价格（万元）	备　　注
1	格栅池	1500×1000×1300	1	0.16	砖混，内衬玻璃钢
2	初沉隔油池	1700×5100×3600	1	1.98	钢砼，内衬玻璃钢，底部设泥斗
3	储油池	1700×1400×3600	1	0.89	钢砼，内衬玻璃钢
4	微电解池	1200×1200×3000	1	0.72	钢砼，内衬玻璃钢
5	调节池	6700×5600×3600	1	5.70	钢砼，内衬玻璃钢
6	中和反应池	1200×1100×3000	1	0.27	钢砼，内衬玻璃钢

续表

序号	名称	规格(除特别标注外,单位都是 mm)	数量	价格(万元)	备注
7	中间池	2800×2500×4500	1	1.59	钢砼,底部设泥斗
8	UASB 池	5600×5600×7500	2	22.13	钢砼
9	CASS 池	14800×4000×4800	1	10.97	钢砼
10	放流池	3100×2200×4200	1	1.10	钢砼
11	污泥浓缩池	2500×2400×4500	1	1.78	钢砼
12	规范化排口	2000×600×500	1	0.25	砖混
13	设备基础		1	0.35	混凝土
14	机房及值班室	15500×5500×3500	1	5.67	砖混
15	护栏扶梯		1	1.55	
16	集气盖板及入孔		1	3.46	钢砼
17	生物除臭过滤池	2000×2000×2850	1	1.28	砖混
18	基础处理		1	1.00	挖土方、强夯、回填
19	工程土建投资合计			60.85	

表 3.8.6　处理设备工程量及投资估算

序号	处理单元	设备名称	规　格	数量	价格(万元)
1	初沉隔油池	防腐吸泥泵	$Q=10\ m^3/h, H=10\ m, N=0.75\ kW$	1	0.25
		油泵	$Q=6.3\ m^3/h, H=20\ m, N=1.1\ kW$	1	0.28
2	调节池	废水磁力泵	$Q=6.6\ m^3/h, H=15\ m, N=1.1\ kW$（泵体不锈钢,1Cr18Ni9Ti）	2	0.52
		液位控制器	gSK-1A	1	0.08
3	微电解	滤板、配收水		1	0.65
		反冲泵	$Q=89\ m^3/h, H=16\ m, N=7.5\ kW$	1	0.40
		铁碳填料		5.4 m³	3.67
		钢制人孔及盖	DN500	3	0.57
		滤帽	DN25	80	0.36
4	中和反应	石灰乳化装置	1000 L	1	0.95
		加药泵	g10-1	2	0.52
		石灰贮药箱		1	0.30
		pH 控制仪	pH 为 0~14,分辨率为 0.01	1	0.58

序号	处理单元	设备名称	规　　格	数量	价格(万元)
5	絮凝气浮	静态混合器	JH-50	1	0.21
		絮凝反应器		1	0.50
		溶药加药装置	WA-2	1	1.13
		气浮装置	6 m³/h	1	4.70
		絮凝剂贮药箱		1	0.30
		不锈钢溶气泵	1.5 m³/h	2	1.16
6	中间池	提升泵	$Q=6.3$ m³/h, $H=12.5$ m, $N=0.75$ kW	2	0.32
		液位控制器	gSK-1A	1	0.08
		潜水搅拌机	QJB0.85,0.85 kW	1	0.34
7	UASB 厌氧反应池	三相分离器	SFQ5600	4	5.96
		收水堰		4	0.84
		pH 控制仪	pH 为 0～14,分辨率为 0.01	1	0.58
		布水装置	PBS-20	2	1.10
		循环泵	$Q=25$ m³/h, $H=12.5$ m, $N=1.5$ kW	2	0.48
8	CASS 反应池	三叶罗茨风机	$Q=7.7$ m³/min, $H=49$ kPa, $N=11$ kW	1	1.95
		滗水器	SB-50	1	3.46
		污泥泵	$Q=10$ m³/h, $H=10$ m, $N=0.75$ kW	1	0.21
		旋混式曝气器	JY-260	116	0.82
		调节器		32	0.80
9	污泥脱水	中心导流筒	$\Phi200$ mm	1	0.26
		板框压滤机	过滤面积 15 m²	1	3.20
		溶药加药装置	WA-1	1	0.93
		螺杆泵	g25-1	1	0.38
		集水堰		1	0.30
		PAM 贮药箱		1	0.30
		液位控制器	gSK-1A	1	0.08
10	自控系统	自控柜		1	1.80
		站内电缆及套管		1	1.10

续表

序号	处理单元	设备名称	规　格	数量	价格(万元)
11	其他项目	站内管道及配件		1	3.60
		机房照明系统		1	0.20
12	废气处理系统	脱硫器		1	1.10
		水封阻火器		1	0.75
		燃烧器		1	2.80
		加热系统		1	1.15
		除臭生物滤料	复合	1	4.75
		承托架		1	1.65
		离心风机	4-72No3A	1	0.30
		管道及排气筒		1	2.83
		Y形过滤器	DN40	1	0.30
		气水分离器		1	0.58
		加湿系统		1	1.12
		控制系统		1	0.55
		辅件		1	0.50
	合计	工艺设备直接费			64.6

3.8.6.2　工程投资汇算

(1) 工程直接费:土建直接费60.85万元+工艺设备直接费64.6万元=125.45万元。

(2) 设备安装费:设备直接费64.6万元×10%=6.46万元。

(3) 设计费:工程直接费125.45万元×3.5%=4.39万元。

(4) 培菌调试费:3.5万元(含生物菌)。

(5) 监测及验收费用:3.5万元。

(6) 工程利润及售后服务费用:以上总额143.3万元×6.2%=8.88万元。

(7) 税收及管理费:以上总额152.18万元×3.81%=5.80万元,其中营业税率为3%,城建税率为0.21%,教育附加税率为1.2%,施工人员社保税率为0.36%,印花税率为0.03%,江河防护税率为0.09%。

(8) 合计:处理工程总投资为158万元。

注:本报价为废水处理站的交钥匙工程的报价,包括以下施工范围:

(1) 土建构筑物、预埋电线管、预埋件、预埋套管。

(2) 废水处理站内水处理设备供货及安装。

(3) 废水处理站内各设备之间的管道阀门及安装材料供货及安装。

(4) 供应管道的范围:从格栅池的入口至污水处理设施排放口。

(5) 废水处理站内的水处理设备的控制和穿线。

(6) 负责废水处理站的调试工作。

3.8.6.3 运行费用预估

1. 废水处理用电费用

用电负荷核算如表 3.8.7 所示。

表 3.8.7 用电负荷核算表

序号	设备名称	功率×数量×运行率	用电负荷(kW)
1	吸泥泵	0.75 kW×12%	0.09
2	磁力泵	1.1 kW×2×50%	1.1
3	反冲泵	7.5 kW×1%	0.075
4	石灰加药泵	0.55 kW×2×50%	0.55
5	气液混合泵	0.75 kW×2×50%	0.75
6	刮渣机	0.55 kW×6%	0.033
7	溶药装置	0.75 kW×2×3%	0.045
8	潜水搅拌机	0.85 kW×50%	0.425
9	提升泵	0.75 kW×2×50%	0.75
10	循环泵	1.5 kW×2×80%	2.40
11	三叶罗茨风机	11 kW×56%	6.16
12	污泥泵	0.75 kW×30%	0.225
13	PAM 溶药装置	0.55 kW×3%	0.017
14	污泥螺杆泵	1.5 kW×60%	0.90
15	压滤机	1.5 kW×5%	0.075
16	机房、路灯等其他用电	0.5 kW×33%	0.165
	平均小时用电负荷		13.76

吨废水耗电量:$13.76×0.85/4.2=2.78((kW \cdot h)/m^3$ 水)。

电价以 0.50 元/(kW$\cdot$h)计,则废水处理运行耗电费:$E_1=2.78$ kW×0.50 元/(kW$\cdot$h)= 1.39 元/m³ 废水。

2. 废水处理药剂费用

污水处理过程中 PAC 的加药量为 100 ppm,日加药量为 0.008 t/d,PAC 价格 2000 元/t,则 PAC 药剂费 0.008 t/d×2000 元/t=16 元/d。

PAM 日加药量为 0.0016 t/d,PAM 价格 25000 元/t,则 PAM 药剂费 0.0016 t/d× 25000 元/t=40 元/d。

中和所用的石灰加药量为 1100 ppm,日加药量为 0.1 t/d,石灰价格 350 元/t,则石灰药剂费 0.1 t/d×350 元/t=35 元/d。

污水处理药剂费用合计 $E_2=91$ 元/d÷100 m³/d=0.91(元/m³ 废水)。

3. 废铁屑消耗费用

废铁屑按每三个月补充 0.9 t 计,废铁屑价格以 2500 元/t 计,则吨废水消耗费用为 $E_3 = 0.9 \times 2500 \div (100 \times 90) = 0.25$(元/t 废水)。

4. 人工费用

该废水处理厂编制人员为兼职 3 个,月工资福利每人增加以 500 元计,则废水处理人工费:$E_4 = 1500$ 元/月 $\div (100\ \mathrm{m^3/d} \times 30\ \mathrm{d/月}) = 0.50$(元/$\mathrm{m^3}$ 废水)。

5. 合计废水处理运行费用

$$E = E_1 + E_2 + E_3 + E_4 = 1.39 + 0.91 + 0.25 + 0.50 = 3.05(元/\mathrm{m^3}\ 废水)$$

注:运行费用仅为初步估算,实际费用与废水水质情况直接相关,待调试运行后可确认。

案例9　某涂料有限公司废水处理案例

3.9.1　工程概况

某涂料公司主要生产水性漆、乳胶漆和木器漆,生产废水主要为水性漆生产装置、设备、地面的冲洗水,过滤洗涤水以及设备跑冒滴漏产生的废水。

3.9.2　设计要求

日排放水性涂料生产废水 176 $\mathrm{m^3}$,按环评批复要求该废水经处理后,需达到国家《污水综合排放标准》(GB 8978—1996)表 4 中的三级排放标准,方可排入市政污水管网,进入城市污水处理厂进一步处理。

1. 水质特点

生产废水中主要含有纯丙、苯丙和聚丙等乳液的有机物及极少量的重金属,并含有少量极难生物降解的乳化剂和杀菌剂,同时含有大量漆料颗粒,其水质由所用漆料、填充剂、溶剂、固化剂和助剂而定。水性涂料中常用的助剂有成膜助剂、增稠剂、分散剂、润湿剂、消泡剂、防冻剂、防霉杀菌剂等,水质变化较大,成分复杂,废水间歇排放。原水水质如表 3.9.1 所示。

表 3.9.1　原水水质表

项目	COD_{Cr}(mg/L)	BOD_5(mg/L)	SS(mg/L)	pH
浓度	3500～5000	2000～2860	1500～2500	7～8
取样实测	4240	2490	2250	7.2

2. 设计处理水量

设计处理水量为 200 $\mathrm{m^3/d}$,日处理 20 h。

3. 处理后的水质目标

排放标准执行(GB 8978—1996《污水综合排放标准》)表 4(第二类污染物)中规定三级

排放标准,其主要水质指标应达到表 3.9.2 要求。

表 3.9.2　出水水质表

污染因子	COD_{Cr}(mg/L)	BOD_5(mg/L)	SS(mg/L)	pH
数值	500	300	400	6～9

3.9.3　技术及方案论证

废水处理工艺流程如图 3.9.1 所示。

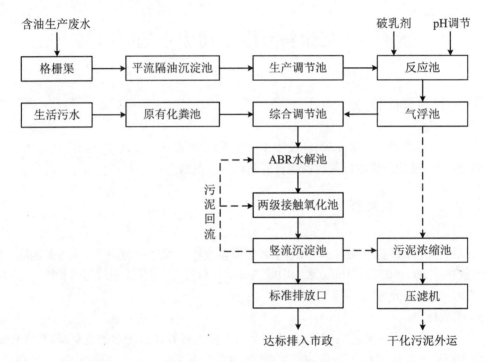

图 3.9.1　废水处理工艺流程

含油生产废水经格栅池截留粗大杂物后,进入平流隔油沉淀池进行沉淀。该过程去除废水中的粗大悬浮物,避免粗大悬浮物在管道中沉积而造成管道堵塞。沉淀池沉降的污泥泵入污泥浓缩池脱水干化,沉淀池出水和污泥浓缩池分离的废液均汇入污水站的调节池,由泵提升并投加絮凝剂经静态混合器充分混合后,进入絮凝反应池。经絮凝反应使废水中的细小悬浮物聚集成易于沉降的粗大絮体,进入絮凝沉淀池沉降分离,污泥泵入污泥浓缩池。絮凝反应池上清液进入依次进入气浮池、调节池后,进入 ABR 水解池,在水解菌的作用下将难降解的大分子有机物分解成易生化降解的小分子有机物。ABR 水解池出水进入两级生物接触氧化池,在好氧生物菌的作用下将有机物降解成二氧化碳和水,并经竖流式沉淀池固液分离,上清液达标排放,沉降下来的污泥泵入污泥浓缩池,经压滤机脱水干化。干化后的污泥定期外运。

3.9.4　工程方案设计

3.9.4.1　工艺设计

（1）设计处理量：200 m^3/d，日处理时间为 20 h，即 10 m^3/h。

（2）格栅池：栅缝为 8 mm。

（3）初沉池：废水中粗大悬浮物通过自然沉淀分离，避免在管道中沉积而造成管道堵塞，同时节省后续的絮凝剂投药量。进水量按 50 m^3/h 计；HRT = 1.0 h；表面水力负荷为 2.5 $m^3/(m^2 \cdot h)$。

（4）调节池：调节水量，均化水质，使进入处理设施的水质稳定均匀。HRT 为 10 h；废水提升泵 50QW10-10，两台，设置液位控制器自动控制。

（5）静态混合器：静态混合器是通过固定在管内的混合单元内件，使二股流体产生液体的切割、剪切、旋转和重新混合，达到流体之间良好分散和充分混合的目的，以促进混凝药剂扩散速度和压缩水中胶体的双电层，使胶体脱稳，并形成微絮凝。HRT = 2 min。

（6）絮凝反应池：根据涡流理论和边壁效应，通过增加水流紊动度来提高絮凝效果，使胶体脱稳和絮体颗粒增大密实，逐渐聚集成易于沉淀的大颗粒絮体。HRT = 20 min。

（7）絮凝沉淀池：絮凝反应形成较大的悬浮物絮体，经斜管沉淀进行固液分离，采用浅层沉淀原理的斜管沉淀的表面负荷高，节省了沉淀池的土建投资和占地面积。HRT = 1.2 h；表面水力负荷为 1.5 $m^3/(m^2 \cdot h)$。

（8）水解生物滤池：在少量曝气的情况下，使废水保持缺氧或低溶解氧状态，通过池内生物填料上附着的大量水解菌的作用下，将难降解的大分子有机物分解成易生化降解的小分子有机物，将不溶性的有机物分解成溶解性有机物，进而提高废水的可生化性。HRT = 6 h；容积有机负荷为 4.0 kg $COD_{Cr}/(m^3 \cdot d)$。

（9）生物接触氧化池：生物接触氧化工艺是一种介于活性污泥法与生物滤池之间的生物处理技术，具有活性污泥法特点的生物膜法，池内装有生物填料，填料上附着大量好氧生物活性菌群。这些微生物将污水中有机污染物吸附、氧化、分解，在获得碳源（BOD）下，进行硝化反应，将污水中的有机质降解，硝化成二氧化碳和水，同时污水中的氨氮在硝化菌的作用下氧化成硝态氮。同时池内大量的立体弹性填料还起着切割气泡的作用，可提高氧的利用率。HRT = 12 h；容积有机负荷为 1.4 kg $COD_{Cr}/(m^3 \cdot d)$。

（10）二沉池：生物接触氧化池出水中含有一定量的悬浮物，为使出水澄清，采用斜管竖流沉淀池进行固液分离。沉降分离的污泥由污泥回流器回流至调节池进一步生化降解，剩余污泥回流至污泥干化池。HRT = 1.5 h；表面水力负荷为 1.4 $m^3/(m^2 \cdot h)$。

（11）污泥渗滤池：池底铺设排水系统和级配滤料，污泥中的水靠重力渗滤至底部得以排除并汇入初沉池出水，上部干化的污泥定期清理回用于生产。

污泥浓缩池：通过重力自然浓缩脱水，上清液回流至调节池，浓缩污泥由泵提升同时投加絮凝剂后至板框压滤机加压脱水，泥饼定期外运。HRT = 12 h。

3.9.4.2　工艺特点

（1）有机结合物化和生化处理工艺，处理效果稳定；

(2) 选用低噪声的三叶罗茨风机,避免噪声污染;

(3) 采用旋混式曝器,溶氧效率高,节省电耗;

(4) 系统采用全自动控制,便于操作管理,节省人工费用;

(5) 处理设施为地埋式(机房除外),上部可覆土、绿化,无异味,不影响周围环境。

(6) 絮凝沉淀池和二沉池的污泥均采用气提式污泥回流器,不需增加其他动力,节省了污泥泵电耗和维护费用。

3.9.4.3 结构设计

(1) 预制砼构件,采用标准图集。

(2) 地下构筑物基础垫层用毛石打底的 C10 素砼垫层,池底板和盖板采用 C25 号砼,抗渗标号 S6,钢筋为 Ⅰ级钢、Ⅱ级钢。预埋铁件为 3 号钢。

(3) 砌体采用 Mn10 机制砖,M5.0 混合砂浆砌筑。

(4) 水面采用 1∶2 防水水泥砂浆粉刷,冷底子油打底,PV 防腐。

(5) 抗震设防,按 7 级抗震设防。

3.9.4.4 电气自控设计

1. 供电、用电量及保护方式

污水处理设施的用电由配电房引入。

本污水处理设施总装机容量为 12.75 kW。

电源考虑 380 V/220 V 低压电源,采用就地集中补偿。

接地采用 TN-C-S 系统,电源进线处理 PEN 线重复接地,接地电阻为 10 Ω。

2. 自控设计

自动化控制设计要求:根据业主的实际情况,污水处理系统的运行应能自动完成,尽可能不设专门操作人员,能对出现的故障报警。

自控设计说明:本工艺流程简单,操作简便,主要动力设备有污水提升泵、反冲泵和 pH 控制计量泵。

自控方案如下:

(1) 所有的电机的运行状态均能集中显示,并通过警灯、蜂鸣器对出现的故障报警。

(2) 在调节池内设置液位计,自动控制泵的启停。

(3) 废水的酸碱度由 pH 控制器自动控制。

(4) 设有自动及手动切换。

由于采取上述自控措施,整个污水处理工艺实现了自动运行,不需设专人操作,仅对系统出现故障报警时予以及时处理即可。

3.9.5 主要工程量及投资

3.9.5.1 主要工程量及投资估算

主要工程量及投资估算如表 3.9.3 和表 3.9.4 所示。

表 3.9.3　土建工程量清单及费用

序号	设施名称	规格	数量	单价(元)	合价(元)	备注
1	格栅池	1.5 m³	1	900	900	砖混
2	初沉池	27 m³	2	11610	23220	钢筋混凝土
3	调节池	120 m³	1	45600	45600	钢筋混凝土
4	絮凝反应池	5 m³	1	3000	3000	钢筋混凝土
5	絮凝沉淀池	30 m³	1	12000	12000	钢筋混凝土
6	水解生物滤池	65 m³	1	25350	25350	钢筋混凝土
7	生物接触氧化池	65 m³	2	25350	50700	钢筋混凝土
8	二沉池	30 m³	1	12000	12000	钢筋混凝土
9	污泥渗滤池	12 m²	1	3600	3600	砖混
10	污泥浓缩池	35 m³	1	13650	13650	钢筋混凝土
11	规范化排放口	1 m²	1	1000	1000	砖混
12	机房	20 m²	1	11600	11600	砖混
13	设备基础		1	1100	1100	混凝土
14	土建工程直接费				203720	

表 3.9.4　设备工程量清单及费用

序号	设施名称	规格	数量	单价(元)	合价(元)	备注
1	格栅	700 mm×1000 mm	1	960	960	
2	提升泵	50QW10-10	2	1850	3700	0.75 kW
3	污泥泵	NL50-12	1	3600	3600	3 kW
4	三叶罗茨风机	FT-100	1	21700	21700	7.5 kW
5	静态混合器	JHF-10	1	3800	3800	
6	絮凝反应器	XHF-10	1	12200	12200	
7	旋混式曝气器	JY-260	120	210	25200	
8	计量加药罐	JYg-80	1	6800	6800	
9	溶药罐	RYg-80	1	7300	7300	0.37 kW
10	自控箱		1	12500	12500	
11	管道及配件		1	25200	25200	
12	立体生物填料	Φ150 mm	159 m³	180	28620	
13	斜管填料	Φ60 mm	14 m³	1020	14280	
14	生物填料支架		48 m²	160	7680	
15	斜管支架		14 m²	270	3780	

序号	设施名称	规格	数量	单价(元)	合价(元)	备注
16	滤料		13 m³	210	2730	
17	配水器	BSQ-10	2	3600	7200	
18	收水器	SSQ-10	2	3400	6800	
19	污泥回流器	LFQ-5	2	2700	5400	
20	旋流分离器	XLF-10	2	5300	10600	
21	板框压滤机	BMJ20/650	1	43800	43800	3 kW
22	螺杆泵	I-1B2	1	3200	3200	3 kW
23	设备合计				257050	

3.9.5.2　总投资估算

(1) 设计调试费:18430 元。

(2) 设备安装费:15420 元。

(3) 税收及管理费:32150 元。

(4) 合计工程总投资:526770 元。

3.9.5.3　运行费用预估

(1) 废水处理运行用电费用。

实际运行负荷:罗茨风机和提升泵计 8.25 kW,运行时间为 20 h/d;污泥泵 3 kW,运行时间为 1 h/d;溶药搅拌机 0.37 kW,运行时间为 0.3 h/d;板框压滤机 3 kW,运行时间为 0.1 h/d;螺杆泵 3 kW,运行时间为 6 h/d。

废水处理用电费用:0.336 元/m³ 废水(电价以 0.5 元/度计算)。

$$E_1 = (8.25 \times 20 + 3 \times 1 + 0.37 \times 0.3 + 3 \times 0.1 + 3 \times 6) \times 0.8 \times 0.5 \, 元/kW \div 200 \, m^3/d$$
$$= 0.373 \, 元/m^3 \, 废水$$

(2) 人工费:0.05 元/m³ 废水,污水站全自动控制,只需一人兼职管理,增加人工费用 300 元/月。

$$E_2 = 300 \, 元/月 \div (200 \, m^3/d \times 30 \, d) = 0.05 \, 元/m^3 \, 废水$$

(3) 药剂费:1.04 元/m³ 废水(絮凝剂价格以 1.8 元/kg 计)

$$E_3 = 0.6 \, kg/m^3 \times 1.8 \, 元/kg = 1.04 \, 元/m^3 \, 废水$$

(4) 合计运行费用为 1.463 元/m³ 废水。

案例 10　某企业含油废水处理案例

3.10.1　工程概况

环保设施建设项目:生产废水及生活污水治理。

本次工程项目:处理净化含油生产废水及生活污水处理工程。

工程类别:新建工程。

工程规模:生产废水日处理规模为 30 m³/d;生活污水日处理规模为 10 m³/d。

运转方式:8 h/班、三班制。

设施建设要求:工艺、设备及设施选择合理,管理简便,并且处理效果稳定,处理净化能力满足废水排放量,实现 GB 8978—1996 国家综合排放标准三级达标排放。

3.10.2　设计要求

1. 含油废水

含油废水产生于加工生产过程不同工序中清洗废水、脱模过程脱膜剂、切削液、工人洗手清洁地面废水。这类油都属石油类废水,在水体中以溶解、乳化、漂浮、分散等形式存在。漂浮油使水体与空气隔绝造成水体含氧量匮乏;溶解、乳化油覆盖于水生动植体表,阻隔呼吸作用造成缺氧死亡。并且这类物质自然降解缓慢、污染持续时间长,造成水质恶化、破坏生态平衡,水体长期丧失再利用功能。

污染指数如表 3.10.1 所示。

表 3.10.1　污染指数表

指标	COD_{Cr}	SS	石油类
浓度(mg/L)	<3000	<600	<150

2. 生活污水

职工生活过程产生的废水,主要包括食堂、清洁卫生及厕所等用排水。污水含无机污染物,如泥砂。污水含有机污染物,如食堂废水含动植物油;清洁卫生废水含阴离子表面活性剂;厕所废水含粪便以及各类固漂浮物。

污染指数(参考同类水质)如表 3.10.2 所示。

表 3.10.2　污染指数表

指标	COD_{Cr}	SS	BOD_5	$NH_3\text{-}N$	动植物油
浓度(mg/L)	<350	<200	<200	<40	<150

3. 出水要求

处理后的出水达到排放标准:《污水综合排放标准》(GB 8978—1996)三级。出水标准指数表如表 3.10.3 所示。

表 3.10.3　出水标准指数表

序号	COD$_{Cr}$	SS	pH	石油类	动植物油
浓度(mg/L)	<500	<400	6~9	<20	<100

4. 废水净化处理效率(生活废水有机物质浓度相对低不予特殊处理考虑)

表 3.10.4 为废水净化处理表。

表 3.10.4　废水净化处理表

指标	COD$_{Cr}$(mg/L)	SS(mg/L)	石油类(mg/L)
处理前	<3000	<200	<150
达标标准	<500	<400	<5
去除率	>71%	>70%	>97%

3.10.3　技术及方案论证

3.10.3.1　处理技术工艺

1. 废水中油污染形式

废水中的含油,产生于生产过程的多个工序段,各类油污染形式存在于水体中污染水质。主要存在形式:漂浮油、分散油、乳化油、溶解油。

2. 油污染处理方式

成熟实用技术工艺:物理、化学和生化等工艺。

物理处理法:隔油、气浮、吸附过滤等处理效果较好,技术易操作。主要去除:漂浮油、溶解油、分散油。

化学处理法:混凝、破乳、氧化等处理效果较好,技术易操作。

去除:乳化油、溶解油。

生化处理法:生物处理效果好,技术条件相对严格,如需补充生物生长繁殖所必需的氮、磷元素等。主要去除物化残余:溶解油、分散油、乳化油。

3.10.3.2　本工程废水处理工艺确定

预处理+生物综合处理:

(1) 机械设备预处理含油废水

平流式隔油池:废水中分散、浮油经隔油池去除,累积浮油采用人工收集法去除,废油综合再利用。

破乳剂除油及悬浮物:破乳剂对悬浮物既起絮凝作用,也对油分脱稳和破乳起混凝作用。废水经气浮法去除油和絮凝渣体,减少后续生物处理负荷,为最终达标排创造条件。

（2）生物综合处理:厌氧处理 + 好氧处理

废水经以上预处理后,污染物中一些高溶解性、无机性物质、溶解性油等污染物含量仍然较高。本工程所处的地理位置常年平均温度较高,适合微生物繁殖生长,引入部分生活废水联合处理,为微生物生长提供全面的营养物质（不足时,人工补充）。废水采用生物处理较适宜,也是较经济的处理方式,故本工程拟采用生物综合处理。

厌氧处理:拟采用短程厌氧处理工艺为主,即水解酸化。在这一处理过程废水中难降解的大分子有机物被微生物分解为易降解的较小分子。该过程为后续好氧生物处理打下基础。

好氧处理:好氧生物处理反应过程快,一般几小时就能达到处理要求。好氧处理工艺技术较多,分别适宜不同水质特征的废水。生物接触氧化工艺中微生物固着在填料上生长,混合液悬浮固体浓度相对较低、黏滞度小,有利于溶解氧在水体中的扩散。生物接触氧化工艺在同规模工程项目中,处理效率大,工程投资相对小,适合用于含油废水的处理。

3.10.3.3　废水处理流程

1. 处理流程

含油废水采用平流隔油分离、破乳气浮等预处理后,进入生物综合处理,最终废水达标排放。

2. 工艺流程

工艺流程如图 3.10.1 所示。

3. 工艺简述

（1）含油废水处理过程

废水综合处理:含油废水经隔油沉砂池预处理后,澄清液自流入生产调节池,泵均匀提升入破乳气浮反应池反应后再经过气浮池,自落差进入综合调节池,综合调节池提升进入厌氧水解池,反应后自流入生物接触氧化池,氧化反应后进入二沉池（竖流沉淀池）,澄清液经收水槽溢出流入清水池经标准排放口最终排放市政管网,实现达标排放。

浮油处理:隔油池的浮油采用人工收集清理,废油可综合利用达到经济治理目的。

污泥处理:经压滤机脱水后泥饼弃垃圾处理场处置,滤液回调节池继续处理,形成闭路循环,实现外排水质达标排放。

（2）气浮处理过程原理

生产废水中乳化油,通过破乳药剂破乳反应后,乳化油脱稳失去亲水能力、形成细小油珠,经气泡浮带会集于池面后,通过刮沫机刮进收集槽去除。

（3）生物续处理机理

利用微生物的新陈代谢,对废水中残余油进行物质和能量代谢,废水中油和有机物被消耗和生物固定,废水中污染浓度降低,废水水质得到净化,确保达标排放。

（4）泥渣处理过程

废水处理过程气浮池产生的泥渣水自流排入污泥浓缩池,生化池内的剩余污泥用泵提升入污泥浓缩池,污泥浓缩池内的污泥经气动隔膜泵打至压滤机脱水处理,泥饼弃垃圾处理场处置。

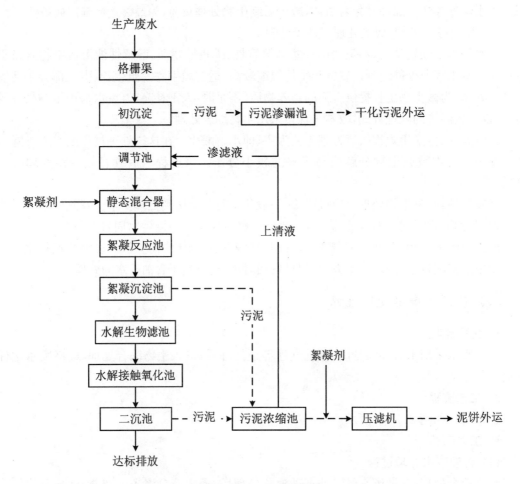

图 3.10.1　工艺流程图

3.10.4　工艺设计

3.10.4.1　土建设施设计

污水处理量:生产废水 30 m³/d;生活污水 10 m³/d,综合计 40 m³/d;

设计小时污水最大处理量:综合废水 2 m³/h。

污水处理班制:3 班制、计 20 h。

生产废水格栅井:$L \times B \times H = 2\,\mathrm{m} \times 1\,\mathrm{m} \times 1.35\,\mathrm{m} = 2.7\,\mathrm{m}^3$。

隔油沉砂池:水力停留时间为 3 h,有效池容为 6 m³。

生产废水调节池:设计调节系数为 12 h(来水主要为白天),有效池容为 20 m³。

组合气浮池:成套设备含反应池搅拌机等配套设备处理能力为 5 m³/h。

生活污水化粪池:利用原有旧池。

综合调节池(进入生活污水):设计调节系数为 16 h(来水主要为白天),有效池容为 32 m³。

折流(ABR + AF)水解池:设计调节系数为 24 h(来水主要为白天),有效池容为 48 m³。

接触氧化池(两级):水力停留时间为 18 h,有效池容为 36 m³。

竖流沉淀池:停留时间为 3 h,有效面积为 6.25 m²。

污泥浓缩池:泥渣产率为处理水量 1%,日泥渣产量为 40 m³/d×1% = 0.4 m³/d,储存期 10 d 泥量,有效池容为 12 m³。

设备房:8 m×4 m = 32 m²。

3.10.4.2 设备配置(处理站)

1. 格栅井

网板:1.2 m×0.625 m×(15 mm)。

2. 隔油沉砂池

隔油板:2 m×1 m。数量:两块。吸泥泵:一台,微电脑时间控制器控制。

3. 生产废水调节池

潜污泵:型号:WQ-0.75-10。参数:$N = 0.75$ kW,$H = 10$ m,$Q = 8$ m³/h。数量:2 台,一备一用。控制方式:液位控制器控制方式运转。

4. 气浮池:一单元

组合溶气气浮成套设备 5 m³/h。控制方式:与调节池提升泵联动。

5. 折流(ABR + AF)水解池

池容:48 m³。填料比:80%。

填料体积:48 m³×80% = 38 m³。类型:组合填料;支架:碳钢防腐。

6. 好氧接触氧化池

气水比:1∶20。鼓风机型号:FSR50;参数:$N = 1.5$ kW,$H = 2500$ mm H₂O,$Q = 1.5$ m³/min。数量;2 台;一备一用。微孔曝气器:45 个。控制方式:微电脑时控器编程控制方式运转。生物填料:池容 36 m³,填料比 80%,填料体积 36 m³×80% = 28.8 m³,类型组合填料,填料架:28.8 m³。

7. 竖流沉淀池

(1) 污泥回流泵,1 台,0.75 kW。

配管:PVC,50 mm。控制方式:微电脑时控器编程控制方式运转。

(2) 中心配水管。

材质:PVC 或 Q235,$\Phi200$ mm。

8. 污泥浓缩池

隔膜泵参数:$N = 0.75$ kW,$H = 50$ m,$Q = 1.5$ m³/h。数量:1 台。配管:U-PVC,50 mm。控制方式:手动控制。

9. 反应池投配设备

PAC 储药箱:500 L、1 套。PAM 储药箱:500 L、1 套。破浮剂储药箱:500 L、1 套。pH 调节剂:500 L、1 套。加药泵:4 台。

3.10.5 主要工程量统计

主要工程量统计如表 3.10.5 所示。

表 3.10.5　工程量统计表

序号	项　目	结构池形	数量	备注
1	格栅井	钢砼	2.7 m³	新建
2	隔油沉淀池	C30	10.5 m³	新建
3	生产废水调节池	C30	26 m³	新建
4	综合调节池	C30	36 m³	新建
5	折流水解池	C30	48 m³	新建
6	好氧接触氧化池	C30	36 m³	新建
7	竖流沉淀池	C30	18 m³	新建
8	污泥浓缩池	C30	16 m³	新建
9	清水池	C30	7 m³	新建
9	设备房	彩钢棚	30 m²	新建

参 考 文 献

[1]　潘涛,李安峰,杜兵.废水污染控制技术手册[M].北京:化学工业出版社,2013.
[2]　张尊举,伦海波,张仁志.水污染控制案例教程[M].北京:化学工业出版社,2014.
[3]　叶辉.农村生活污水处理的现状与技术应用研究[J].产业创新研究,2022(12):68-70.
[4]　中国市政工程西北设计研究院有限公司.给水排水设计手册[M].北京:中国建筑工业出版社,1995.
[5]　张自杰.排水工程:下[M].北京:中国建筑工业出版社,2013.
[6]　高廷耀.水污染控制工程[M].北京:高等教育出版社,2008.
[7]　郑铭.环保设备:原理·设计·应用[M].北京:化学工业出版社,2001.
[8]　聂梅生.水工业设计手册:水工业工程设备[M].北京:中国建筑工业出版社,2000.
[9]　丁亚兰.国内外废水处理工程设计案例[M].北京:化学工业出版社,2000.
[10]　高俊发.污水处理厂工艺设计手册[M].北京:化学工业出版社,2002.
[11]　曾科.污水处理厂设计与运行管理[M].北京:化学工业出版社,2011.
[12]　胡纪萃.废水厌氧生物处理理论与技术[M].北京:中国建筑工业出版社,2003.